PPT

美化一点通

案例视频教学版　　精英资讯◎编著

视频教学➕案例讲解➕练习源文件➕海量资源➕在线交流

中国水利水电出版社
www.waterpub.com.cn
·北京·

内容提要

PPT 在保障观点鲜明且内容具有逻辑性的基础上，要有足够的美观度，这是好 PPT 的标准。《PPT 美化一点通（案例视频教学版）》一书以美化 PPT 为目标，在章节规划方面按元素主体来分类，包括文字排版及美化攻略、图形创意攻略、图片创意攻略、表格应用攻略、图表应用攻略、目录页设计攻略和封面页设计攻略，涵盖了幻灯片的全面美化方案，案例用图考究，符合应用环境。旨在真正让职场人士提升 PPT 的美观度，制作出具有说服力、竞争力的好 PPT。

本书对关键知识点和实例操作配备了视频讲解，以便零基础的读者也能够轻松入门。另外，本书提供全书的 PPT 源文件，读者可以边学边操作源文件，对比学习；本书的源文件还可以直接套用，帮助读者轻松掌握 PPT 操作技能。

本书用图讲究、设计专业，适合各类 PPT 入门读者、想要提高 PPT 制作水平的公司职员，以及各大中专院校的学生。

图书在版编目（CIP）数据

PPT 美化一点通：案例视频教学版 / 精英资讯编著
. -- 北京：中国水利水电出版社，2023.8
ISBN 978-7-5226-1482-3

Ⅰ.① P… Ⅱ.①精… Ⅲ.①图形软件 Ⅳ.
① TP391.412

中国国家版本馆 CIP 数据核字（2023）第 064556 号

书　　名	PPT 美化一点通（案例视频教学版） PPT MEIHUA YIDIANTONG (ANLI SHIPIN JIAOXUE BAN)
作　　者	精英资讯　编著
出版发行	中国水利水电出版社 （北京市海淀区玉渊潭南路 1 号 D 座　100038） 网址：www.waterpub.com.cn E-mail：zhiboshangshu@163.com 电话：（010）62572966-2205/2266/2201（营销中心）
经　　售	北京科水图书销售有限公司 电话：（010）68545874、63202643 全国各地新华书店和相关出版物销售网点
排　　版	北京智博尚书文化传媒有限公司
印　　刷	北京富博印刷有限公司
规　　格	148mm×210mm　32 开本　9 印张　259 千字
版　　次	2023 年 8 月第 1 版　　2023 年 8 月第 1 次印刷
印　　数	0001—5000 册
定　　价	69.80 元

前　言

Preface

　　美感是人接触到美的事物后引起的一种感动，是一种赏心悦目、怡情悦性的心理状态。人在对一定的客观事物产生美感后，通常都会立即接受并产生追求该客观事物的主观意志。做 PPT 的最终目标就是要传递信息、呈现观点，除此之外，还要在视觉上给人以美感，给人以快乐的感受，进而让受众毫不排斥并自然而然地接受。成功的演讲通常是这样的：

　　用美的设计引起关注

　　让受众坐下来倾听所要传递的信息

　　演讲者有了发挥的空间

　　进而，这次演讲效果肯定不会差

　　……

　　可见，美观度在 PPT 设计中的重要性。那么究竟什么样的 PPT 才是美的呢？

　　第一层就是最基本的含义，即好看。

　　当然好看不是花哨，不是滥用色彩，也不是滥用模板，而是要贴合主题的设计，如层级的文本设计、有创意的版面布局、图文最合理的排版等。

　　第二层含义是指有规范、有秩序、逻辑清晰。

　　当 PPT 具备好看的特质后，在文案方面一定要有逻辑性、观点要突出，这样想要传递的那些信息才更容易被受众接受。

　　本书特点

　　（1）设计规范：幻灯片包含文字、图形、图片、图表、表格等元素。无论哪个元素的应用，本书都会首先给出正确的应用思路或设计思路，用思路指引设计，真正开拓思维，便于在后期扩展应用时能够方便、快捷。

　　（2）实例丰富：本书思维引导设计，理论配合实操，从思维层面、技术层面、实操层面层层讲解，做到有思路、有效果、有实操，让读者看得懂、学得会。

　　（3）视频讲解：本书录制了 115 集同步教学视频，读者用手机扫描书中二维码，可以随时随地看视频。

（4）图解操作：本书的实例讲解采用图解模式逐一介绍其操作要点，清晰直观，简洁明了，可使读者在最短的时间内掌握相关知识点，快速解决 PPT 制作难题。

（5）在线服务：本书提供 QQ 交流群，"三人行，必有我师"，读者可以在群里相互交流，共同进步。

本书资源列表及获取方式

（1）配套资源。

本书提供配套的 690 分钟同步教学视频和 PPT 教学源文件。

（2）拓展学习资源。

• PPT 经典图形、流程图 423 个　　　• PPT 模板 74 套

• PPT 元素素材 780 张　　　　　　• PPT 基础教学视频 233 集

（3）以上资源的获取及联系方式。

"办公那点事儿"
微信公众号

① 读者可以扫描左侧的二维码，或在微信公众号中搜索"办公那点事儿"，关注后发送 PPT14823 到公众号后台，获取本书资源下载链接。将该链接复制到计算机浏览器的地址栏中（一定要复制到计算机浏览器的地址栏，在计算机端下载，手机不能下载，也不能在线解压，没有解压密码），根据提示进行下载。

② 加入本书 QQ 交流群 712370111（若群满，会创建新群，请注意加群时的提示，并根据提示加入对应的群），读者间可互相交流学习，作者也会不定期在线答疑解惑。

作者简介

本书由精英资讯组织编写。精英资讯是一个 Excel 技术研讨、项目管理、培训咨询和图书创作的办公协作联盟，其成员多为长期从事行政管理、人力资源管理、财务管理、营销管理、市场分析及 Office 相关培训的工作者，其创作的办公类图书因实例丰富、注重实践、简单易学而深受广大读者的喜爱。

致谢

本书能够顺利出版，是作者、编辑和所有审校人员共同努力的结果，在此表示深深地感谢。如有疏漏之处，还望读者不吝赐教。

编　者

目 录
Contents

文字排版及美化攻略

文字是幻灯片的重要元素之一，
不仅需要清晰地说明观点，
还需要注意排版，
达到在视觉上美观的效果。

1.1　文案整理的思路

扫一扫，看视频

思路 1：按幻灯片类型确立文案多少

在设计幻灯片之前除了要准备好相应的文案内容外，还有一个重点工作就是确定这个 PPT 的应用场景，因为它决定了对文案的处理方式以及对整个 PPT 的设计方式。PPT 可以分为演示型和阅读型，怎么理解呢？例如，在日常生活中随处可见的宣传单总会有一些亮眼的设计吸引受众的注意力，而除此之外，还会提供这张宣传单的具体事由、联系方式、地址等详细信息。演示型 PPT 就类似于宣传单上那些亮眼的设计，是感性思维，能激发观者的兴趣，点燃观者的热情；而阅读型 PPT 就是宣传单上那些详细信息，是理性思维，注重结构化的思考和逻辑性的表达。

因此准备做 PPT 之前的第一件事就是要有一个定位——偏向于演示型，还是偏向于阅读型。如果要做一份演示型 PPT，那么首先要做的就是从逻辑上提取出关键词句，然后通过设计来加强页面的视觉冲击力，如产品推广、商业路演等；如果要做一份阅读型 PPT，那么就要注重对逻辑框架的梳理，关注页面的美观度、整齐度和易读性，如工作汇报、学术交流等。

图 1-1～图 1-3 所示的幻灯片是某建筑企业的宣传演示文稿，属于演示型 PPT，是为了配合演讲使用的，字少图多，讲究设计感与美观度，首先从视觉上吸引眼球，细致信息由演讲者传递。

图 1-1

图 1-2

图 1-3

图 1-4～图 1-7 所示的幻灯片是某项目实施解决方案的部分演示文稿，属于阅读型 PPT，是为了给观者阅读的，所以必须详略得当、有逻辑性，不能让人在阅读时无法理解。

图 1-4　　　　　　　　　　图 1-5

图 1-6　　　　　　　　　　图 1-7

扫一扫，看视频

思路 2：精简文案，"跳"出观点

在学习了一个关于文案整理的思路后，可能有的读者会说："我做的是阅读型 PPT，大段文字没有什么大碍。"但在这里要纠正一下，即使做的是阅读型 PPT，仍然要做到精简文案，突出观点。因为只有这样，才能帮助观者找出这段文字的关键点所在。这样的 PPT 才能让人即使再忙也能抽时间浏览，从而留下深刻的印象。

将图 1-8 所示的幻灯片中显示的原始文字进行精简，有条目性地展现并给出最终观点标签（见图 1-9）。

图 1-8

图 1-9

　　文案的图示化其实也是"跳"出观点的一个重要的操作。因为图示用在幻灯片中一定会写入最关键的信息，而不是把所有文字都装进去。图 1-10 所示的幻灯片中的一段文字，通过图示化的设计可以达到如图 1-11 所示的效果。

图 1-10

图 1-11

提　示

在精简文案方面，总结了几个要点，读者可参考使用，具体如下：

（1）标题最好只有 5～9 个字。

（2）正文内容不要超过 11～12 行，最好控制在 5～6 行。

（3）一句话最好不要换行。

（4）只要不影响阅读，可省略标点符号和连接词。

（5）慎用观众不理解的英文缩写。

扫一扫，看视频

思路 3：文字不出错

PPT 作为职场中提升沟通效率的工具，在传递信息上，文字功不可没。在应用文字的过程中一个最基本的原则就是不要出错，一个错别字可能就会让观者质疑整个 PPT 的专业性。常见的错误有错别字、错误的标点、错误的翻译、不恰当的断句、引用错误的数据、不符合常识的观点等，这些是必须杜绝出现在幻灯片中的。

例如，图 1-12 所示的幻灯片，原本文字方面也没有出现错误，但唯独在断句上出现了"性群体""性团体"这样的字眼，读起来令人非常尴尬。

图 1-12

扫一扫，看视频

思路 4：观点总结到位

在制作 PPT 时能将观点总结到位，往往能收获不一样的效果。因为如果每张幻灯片都给出看似毫无重点的长篇大论，结果只会令人昏昏欲睡。很多时候观者并不愿意去解读，或者根本没有时间去慢慢分析，那么这个 PPT 可能就被无意中束之高阁了。

所以我们说要让文字更好地传递信息，首先要学会对文字进行归纳总结，找出关键点，再利用软件提供的相关功能去设计和排版。逻辑化与视觉化并存是决定一个演示文稿成败的关键。

例如，图 1-13 所示的幻灯片未经观点总结，而图 1-14 所示的幻灯片已经总结出观点。如果你没有时间，只看观点也能大致了解相关内容；如果你有兴趣和时间，也可以细细解读后面的文案。

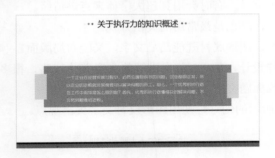

图 1-13

图 1-14

1.2　文字排版的关键点

扫一扫，看视频

关键点 1：设计突出观点

在前面的思路学习中，我们一再强调提取文案关键点的重要性，那么在提取出关键点后，就需要使用一些手段来突出全文的关键点，让观者对这些核心内容留下深刻的印象。看见一张幻灯片时，能否在第一时间获取信息的关键在于这张幻灯片的重点内容是否突出。

在幻灯片中常用的突出关键点的方式主要有下面几种。

（1）加大字号，有时会用到超大字体来点燃情绪。

（2）变色，颜色是最常用的突出方式。

（3）反衬，图形底衬既能凸显文字，又能布局版面。

（4）特殊设计，第 1.3 节中讲解的文字美化攻略，很多都可以用于关键点文字或标题文字。

图 1-15 所示的幻灯片使用图形反衬文字突出观点。

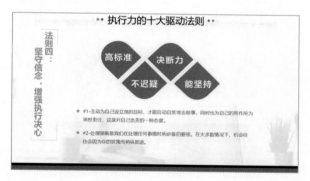

图 1-15

图 1-16 所示的幻灯片使用双引号、大号字突出观点。

图 1-16

图 1-17 所示的幻灯片使用超大号字突出观点。

图 1-17

关键点 2：读懂字体的感情色彩

扫一扫，看视频

文字在信息传递上有其独特的"表情"，即不同的字体在传递信息时能表现出不同的感情色彩。例如，楷书使人感到规矩、稳重，隶书使人感到轻柔、舒畅；行书使人感到随和、宁静；黑体字比较端庄、凝重、有科技感等。

因此在文字设计中，要学习并学会感受不同字体给人带来的不同情绪（可以参考图 1-18 和图 1-19 来感受），学着找到它们适用的规律与范围，结合演示文稿的主题合理设置文字字体，以给予人不同的视觉感受和比较直接的视觉诉求。

图 1-18　　　　　　　　　　　图 1-19

　　例如，图 1-20～图 1-22 所示的幻灯片中的字体可以非常清晰地传递出不同的情感。

图 1-20

图 1-21

图 1-22

在选用字体方面总结出以下几个要点以供参考。

（1）在选用字体时，要注意现有传播媒介的既定惯例，尽量使用熟悉的或常用的字体，如果是针对标题或特殊设计的大号文字，也可以将设计好的文字转换为图片使用。

（2）正文尽量选择容易辨认的字体，尤其是当文字数量多、字号小时。

（3）不知道选用何种字体，可以使用微软雅黑、思源黑体这些百搭的字体。

（4）只用三种以内的字体来做设计，因为如果字体过多，就会在无形中增加观者识别文字的负担。

例如，图 1-23 所示的幻灯片，这么多种字体，是不是视觉上难以接受？

那么按之前所讲的原则对幻灯片进行修改，其显示效果是显而易见的，如图 1-24 所示。

图 1-23

图 1-24

关键点 3：忌呆板生硬的版面

在布局幻灯片版面时不能不考虑结构。如果图片不做处理、图形也不讲究设计、文本框随意放置，那么就会让版面既呆板生硬，又凌乱不堪。

文字排版的一个宗旨就是要突出文案中的关键信息。总体来说，文字排版要有四个层次：便于识别、准确传达、阅读顺畅和兼顾美感。

图 1-25 所示的幻灯片属于内容量较大的阅读型 PPT。由于内容上不注重排版，在使用图形上也不注重美感，颜色随意搭配，所以整体看上去很凌乱。

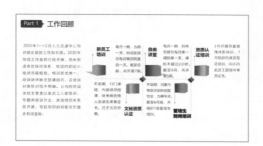

图 1-25

而排版后的幻灯片则呈现如图 1-26 所示的效果，可以看到整洁度与规范性都得到了比较大的提升。

图 1-26

关键点 4：排版的亲密原则

　　排版的亲密原则是指在版面的设计中把相关的元素组织在一起，使它们的位置更加靠近，从而被看作一个视觉单元，而不是多个孤立的元素或无法找到重点全部均衡的元素。因此，遵循亲密原则去排版有助于组织信息，用视觉的重点突出层次感，给人明显的分类和归属的感觉，这样整体结构看上去就非常清晰了。

　　如图 1-27 所示的幻灯片，一片文字，没有独立的元素，让人找不到重点，没有阅读的兴趣。

图 1-27

　　而经过排版后我们再看一下，既明确了几个观点，同时各观点之间也进行了留白处理，让相关的内容联系更加紧密，结构层次瞬间呈现，如图 1-28 所示。

　　还可以使用图示的办法，让信息的分类归属更加明确，如图 1-29所示。

图 1-28

图 1-29

关键点 5：排版的对齐原则

　　对齐原则是平面设计中一条最重要的原则。之所以这么说，其实是因为我们在设计任意一张包含多个元素的幻灯片时，无时无刻不在考虑着对齐这件事。翻阅查看本书中的所有幻灯片，可以发现基本都会遵循对齐原则。

　　对齐是一种强调，能增强元素之间的结构性。每个元素都应该与页面中的其他元素有某种视觉上的联系，而这种视觉联系往往是看不到却可以感受到的对齐线。在使用多图形时也要遵循对齐原则，切勿只是凌乱地放置。

　　常用的对齐方式有三种：左对齐、右对齐和居中对齐。

　　图 1-30 所示为将多文本元素进行了左对齐，整个视觉非常流畅，并且工整美观。相反，如果随意地放置元素，条理性会变得很差，并且读起来也比较费劲，如图 1-31 所示。

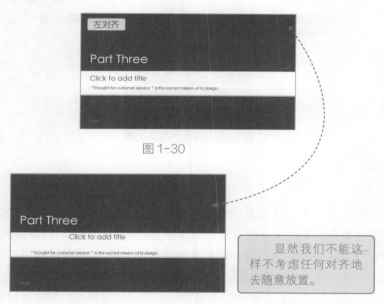

图 1-30

图 1-31

显然我们不能这样不考虑任何对齐地去随意放置。

　　图 1-32 所示的右对齐也是常见的对齐方式。

图 1-32

居中对齐让视线迅速聚焦版心，也是常用的对齐方式，如图 1-33 所示。

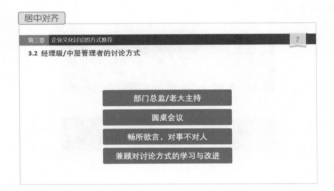

图 1-33

上面我们主要讲的是文字的对齐，下面再讲一下多个设计元素的对齐（多个文本框也可以看作多个设计元素），这项操作在幻灯片的编辑过程中时刻都在进行着，也是非常重要的。图 1-34 所示的幻灯片显然在元素对齐上是不达标的，而如果我们脑海中没有对齐的意识，也不使用对齐工具去操作，手动摆放可能做到的就是这样了。其实可以使用"对齐"功能去实现快速而又精准的对齐。

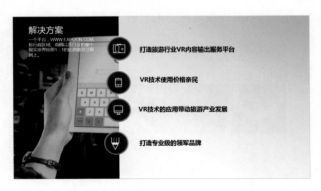

图 1-34

操作要点

❶ 移动第一个对象和最后一幅图，确定它们在幻灯片中的摆放位置（见图 1-35），本例为纵向的跨度。

❷ 全选四个对象，在"图片工具 - 图片格式"选项卡下的"排列"选项组中单击"对齐"下拉按钮，在打开的下拉列表中选择"左对齐"选项（见图 1-36）；保持选中状态，再在"对齐"下拉列表中选择"纵向分布"选项，如图 1-37 所示。经过上面两步的对齐操作，得到的图形可在纵向方向上保持左对齐，并且四个对象之间的间距也是一样的，如图 1-38 所示。

❸ 对文本框对象也进行相同的两步对齐操作，即可让幻灯片呈现规范、工整、专业的效果。

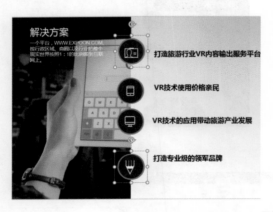

图 1-35

提　示

为什么先确定第一幅图和最后一幅图的位置呢？

因为在进行纵向分布对齐时（横向同理）是以第一个元素和最后一个元素为标的来确定各个元素之间的间隔的。例如，

提　示

在执行顶端对齐时,标的就是最高的那个元素;在执行底端对齐时,标的就是最低的那个元素。

　　确定第一个元素和最后一个元素的位置后,等到后面进行纵向分布对齐时,所有选中的对象都会在这个区间内进行均等的分布。

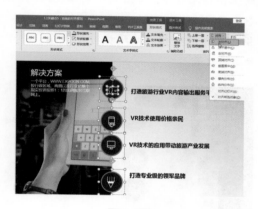

图 1-36

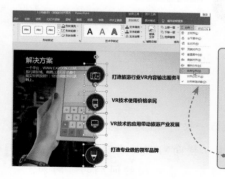

图 1-37

　　对齐方式还有很多种,有时为了能达到最终的对齐效果,需要进行多次操作。例如,先进行横向的顶端对齐,再进行横向分布等。对于对齐完毕的对象,如果要移动位置,一次性选中对象并统一进行移动,就会依然保持对齐状态。

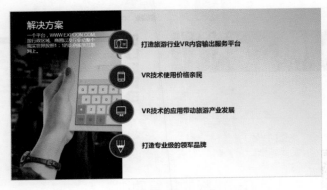

图 1-38

提　示

　　由于幻灯片设计的特殊性，文本一般不会大段地显示，而是哪里需要文本就在哪里绘制文本框，因此很多时候我们都看到文本各自拥有自己的文本框，这样移动并精确放置会更加方便。比如上面的幻灯片，如果将这些目录文本放在同一个文本框中，那么就不便于和前面的图标进行对齐。因此，它们都是单独的文本框。

扩展应用

　　如图 1-39 所示的幻灯片，无论是上面的图标，还是下面的文字，都保持着顶端对齐与横向均衡分布对齐。

　　而图 1-40 所示的这张幻灯片，其中的元素就更多了。试想一下，如果不去规范对齐，左左右右、上上下下，该会多么凌乱呀！

图 1-39

图 1-40

扫一扫，看视频

关键点 6：排版的重复原则

　　排版的重复原则是指在设计中重复出现的元素要保持一致，如重复出现的字体要相同，重复出现的设计元素要相同、形状配色要相同，或者一篇演示文稿中使用一套图片等，这些都是重复的例子。做到了重复原则，实际上就是达到了幻灯片设计中风格统一的要求，使整个演示文稿在视觉上成为一体，提升画面整体的美学感受。

　　通过观察图 1-41 所示的这组幻灯片，能找到众多的重复元素，下面罗列出来。

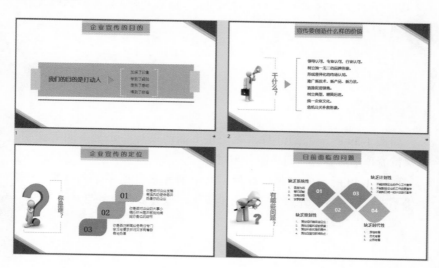

图 1-41

（1）幻灯片的页面版面装饰图形（右上角与左下角）。

（2）主标题下的装饰图形。

（3）主标题字体和正文字体。

（4）左侧问句的构思。

（5）小白人套图配图。

（6）图形的配色。

　　另外，重复原则也体现在单张幻灯片中，一张幻灯片中的重复元素也可以体现出规范统一的效果。例如，在图 1-42 所示的这张幻灯片中，标题格式、纵向的线条都是重复元素，正是这些重复元素，才让幻灯片的统一性更强、思路更明确。

图 1-42

关键点 7：排版的对比原则

扫一扫，看视频

　　对比原则本质上就是起到一个突出重要信息的作用，因为有对比就有突出，如果一个元素在群体中越大、越粗、颜色越明显，那么它可能就越重要。如果页面中字体、颜色、大小、样式、形状等全部相同，在视觉上可能会显得过于平淡，缺少了引人注目的焦点。

　　我们将对比分为三类：一是字体、字号的对比，可以起到突出主体的作用，如标题和正文以及文案中需要着重强调的关键词；二是文字颜

色的对比，可以起到突出主体的作用；三是文字颜色与背景颜色的对比
（保证字迹清晰、易于阅读）。

　　图 1-43 所示的幻灯片通过加大字号及变色打造视觉上的色差，就
极易突出关键词。

图 1-43

　　文字在用色方面要考虑背景颜色，浅色背景不用浅色字，深色背景
不用深色字。要形成对比，突出文字，才能够使人更清晰地看到它们。
图 1-44 所示的幻灯片的文字颜色及效果不达标；而图 1-45 所示的幻灯
片对文字颜色进行了更改，效果达标。

图 1-44

图 1-45

　　如果说对重复原则进行举例，那么上面应用的一些幻灯片基本都有所体现，此处就不再过多举例。

扫一扫，看视频

关键点 8：段落排版的"齐""疏""散"

　　前面在讲解排版的亲密原则和对齐原则时已经涉及了段落排版。例如，在对齐原则中讲解了文本的对齐与各元素之间的对齐，其中文本的对齐也就是段落的对齐；再例如，在亲密原则中也说到不要让元素孤立地存在或笼统地存在，要学会提炼、分类，将批量的文字打散，从而更易于阅读。那么针对段落排版，在此处再进行一些补充性的讲解。

　　1. 齐

　　段落排版在对齐方式上常用的有左对齐、右对齐、居中对齐和分散对齐（参考图 1-46 所示的效果），注意这里说的是一个文本框内文本的对齐。

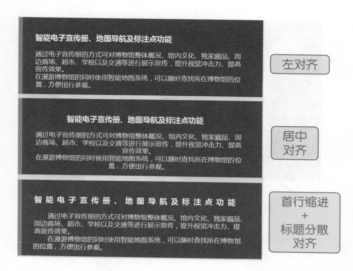

图 1-46

左对齐是最常用的对齐方式，适合有多文本时使用，是默认的对齐方式；居中对齐和分散对齐适合有较少文本时使用，一般每段不超过文本框的宽度；右对齐一般是在考虑排版的亲密原则下使用的，将文案靠近它的分类，或靠近它的图形等。下面举一个例子来直观地体验一下。

图 1-47 所示的标题和英文使用的是居中对齐方式。

图 1-47

从图 1-48 中可以看到，三个分类标题使用的是右对齐方式。

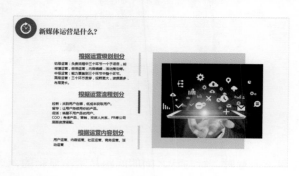

图 1-48

图 1-49 所示的幻灯片中为了拉大英文文本的宽度，先将文本框调整到需要的宽度（见图 1-50），然后执行分散对齐，如图 1-51 所示。

图 1-49

图 1-50

图 1-51

2. 疏

当文本包含多行时，行与行之间的间距是紧凑显示的，这样的文本在阅读时会显得很吃力。根据排版要求，一般都需要调整行距让行与行之间稀疏一些，缓解文字的紧张压迫感。图 1-52 所示为排版前的文本。

图 1-52

操作要点

❶ 选中文本，在"开始"选项卡下的"段落"选项组中单击"行距"下拉按钮，在打开的下拉列表中提供了几种行距，本例中选择 1.5（默认为 1.0），如图 1-53 所示。

❷ 如果希望使用更精确的行距，那么可以在下拉列表中选择"行距选项"选项，打开"段落"对话框，可以非常精确地设置行距值。如

果此处使用 1.5 倍行距感觉小了，使用 2.0 倍行距又感觉大了，那么可以设置为 1.7，如图 1-54 所示。

图 1-53　　　　　　　　　　　　　　　图 1-54

❸ 单击"确定"按钮可以看到应用后的效果，如图 1-55 所示。

图 1-55

3. 散

将段落打散，简单地说就是将能分类的分类，能提取观点的提取观点，总之让文字条理化，将笼统的一个让人提不起兴趣的段落整理得有条理。

图 1-56 所示的幻灯片中的文本是 Word 文本的思维。下面对三个段落重新进行处理，并提取出关键信息，视觉效果就完全不一样了，减轻了观者的阅读负担，如图 1-57 所示。

图 1-56

图 1-57

还可以利用图形将文本处理为图示的样式，思路则更加清晰，如图 1-58 所示。

图 1-58

关键点 9：让标题更"吸睛"

　　在 1.1 节的思路 1 中，强调了 PPT 有不同的应用场景，而不同的应用场景也决定了文案的书写方式。那么针对演示型 PPT，在标题处理方面可以更加有设计感，让标题更"吸睛"、更具冲击力。

　　图 1-59 所示的幻灯片是一个招聘会的演示文稿，在标题设计上就别具一格。

　　由于在 1.3 节中会讲解众多关于文字美化的攻略，那些设计方式一般都应用于标题文字或超大的宣导型文字，因此这里只传输这种理念，不过多地举例。

图 1-59

关键点 10：点睛之笔的符号修饰

　　优秀的平面作品在审美上都有较高的要求，PPT 的装饰感来自巧妙的辅助元素的修饰，而适当地运用符号来充实作品也能达到锦上添花的效果。因为符号也具有主观能动性，能够更好地表达人作为创作主体的真实意图，同时也能起到装饰文案、均衡空间、提升文案精致感的作用。例如，""符号、"@"符号、"《》"符号、"「」"符号等常作为设计元素用于辅助修饰文案。

　　当然这里只是给读者传输一种理念，具体的应用思路还需要在日常操作中尝试、观察，做到得当应用即可。这里简要作出一些总结。

1. 快速传递信息

符号相对于文字来说吸引力更大，人们对于图像的兴趣远远大于对文字的兴趣，如果在文案中使用一个较大的符号，则可以起到视线牵引的作用。同时还能使设计作品更具有生动性和形象性。在图 1-60 所示的幻灯片中，使用了单个双引号符号修饰文本。

图 1-60

2. 丰富的表达形式

采用不同的符号设计进行组合，能够体现出不同的设计效果。日常看到的一些成熟的设计作品中经常会用不同象征意义的符号来进行组合和创造，通过这种方式就能够增强设计作品的表达形式，使其版面看起来更加丰富，也会吸引更多人的关注。

在图 1-61 所示的幻灯片中，使用"「」"符号突出单个文字，同时下面还使用"》"符号起到间隔文本的作用，让版面层次更加丰富。

图 1-61

关键点 11：适当的英文搭配

扫一扫，看视频

在很多平面设计的作品中，常常会看到一些英文的出现，可能有的人会有疑问，说英文的参与到底起到什么样的作用？下面简单地分析一下。

1. 填充的作用

填充的作用就是补充不必要的留白，避免因内容感缺失而造成视觉重心不稳定。这时就可以使用英文作为填充物去进行补充，从而做到细节方向的提升。常用于填充的英文可以是关键字或关键词的翻译、Logo、数字等。

图 1-62 所示的幻灯片为原幻灯片，图 1-63 所示的幻灯片为处理后的幻灯片，读者可进行对比。

图 1-62

图 1-63

2. 增强对比感、层次感

平面设计讲究对比感、层次感，如果信息量太少，则会因为视觉元素缺失导致画面没有层次感，这时适当地运用英文就能很好地解决此类问题。

图 1-64 所示的幻灯片为原幻灯片，可以看到画面比较单一；而在图 1-65 所示的幻灯片中使用了添加英文的处理，增强了层次感，同时也渲染了氛围。

图 1-64

图 1-65

 提　示

英文无论是用来填充空白增加内容感，还是用来增加画面的层次感，都应该注意它是一个辅助内容，并不属于最重要的主体信息，因此只能作为次要视觉元素存在。尤其在使用大号英文时，建议至少给出 30% 左右的透明度，不宜太明显，起到辅助作用即可。

接下来简单介绍一下文字的半透明设置方法。选中文字并右击，在弹出的快捷菜单中选择"设置文字效果格式"命令，打开"设置形状格式"右侧窗格，单击"文本填充与轮廓"按钮，在"文本填充"栏中选中"纯色填充"单选按钮，然后拖动下面的"透明度"调节钮来进行调节，如图 1-66 所示。

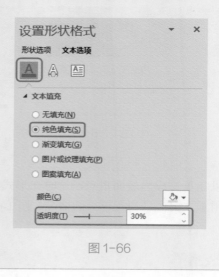

图 1-66

当文字排版缺少对比且没有足够的文案填充时，英文翻译就可以起到很好的填充及增强对比的作用，从而可以有效地避免排版单一、分组太少、缺少变化的现象出现。

图 1-67 所示的幻灯片为原幻灯片，图 1-68 所示的幻灯片为处理后的幻灯片。可以看到，添加了英文翻译明显让版面更有层次感、更加饱满。

图 1-67

图 1-68

3. 增加形式感

超大英文可以让英文成为版面重点，这时在形式感上会有很大提升，这类形式适用于文案信息相对较少的情况。图 1-69 所示为一个应用范例。

图 1-69

关键点 12：风格统一的文字效果

扫一扫，看视频

在进行幻灯片排版时，有的读者可能会有疑问，说道："我每一张幻灯片都合理地设置了文字的格式与效果，但为什么我的幻灯片整体看起来效果会比较凌乱呢？"

例如，图 1-70 所示的这组幻灯片，公平地说排版还是认真的，但整体看起来很凌乱。这是因为没有考虑到 PPT 的统一性。

图 1-70

其实每张幻灯片都包括标题和内容两部分，需要给每张幻灯片设定一个相同的视觉锚点，如装饰、颜色、标题样式等都是视觉锚点的元素。有了相同的视觉锚点，才能让整套 PPT 的排版看起来整齐有序。

通过修改达到图 1-71 所示的排版效果，将"制定目标参考几个原则"修改为相同的标题样式，同时这个原则分为 5 个小点来讲解，显然一张幻灯片是无法显示的，因此在分幻灯片展示时使用了相同的序号标识；字体方面也进行了统一的处理，让标题使用统一字体，正文也使用统一字体；同时转场应使用相同的样式。

图 1-71

1.3　文字美化攻略

攻略 1：镂空字

扫一扫，看视频

文字处理

文字操作前后的对比效果如图 1-72 所示。

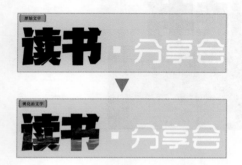

图 1-72

应用效果

文字应用于幻灯片的效果如图 1-73 所示。

图 1-73

操作要点

❶ 输入文字并设置好字体、字号，插入一张想作为文字背景显示的图片，按 Ctrl+C 组合键复制，如图 1-74 所示。

❷ 选中目标文字并右击，在弹出的快捷菜单中选择"设置文字效果格式"命令，打开"设置形状格式"右侧窗格。单击"文本填充与轮廓"按钮，展开"文本填充"栏，选中"图片或纹理填充"单选按钮，然后单击"剪贴板"按钮（见图 1-75）。

图 1-74　　　　　　　　　图 1-75

提　示

在文字上进行的效果设置都是基于原字体的，即不改变所设置的字体的样式，因此在设计一些特殊的文字效果时，字体的选择也非常重要。

扫一扫，看视频

攻略 2：穿插字

文字处理

文字操作前后的对比效果如图 1-76 所示。

图 1-76

应用效果

　　文字应用于幻灯片的效果如图 **1-77** 所示。

图 1-77

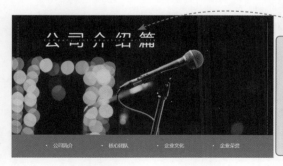

图 1-78

　　按相同的方法在该演示文稿的其他幻灯片中也可以应用穿插字，如图 1-78 所示。注意这里的英文字母的文本框进行了分散对齐。

❶ 用文本框输入文字并设置好字体、字号，将"有，就去追"文字移至"梦"文字上穿插放置。选中"有，就去追"文本框并右击，在弹出的快捷菜单中选择"设置形状格式"命令（见图 1-79），打开"设置形状格式"右侧窗格。

❷ 单击"填充与线条"按钮，展开"填充"栏，选中"幻灯片背景填充"单选按钮，如图 1-80 所示。

图 1-79　　　　　　　图 1-80

扫一扫，看视频

攻略 3：描边字

文字处理

文字操作前后的对比效果如图 1-81 所示。

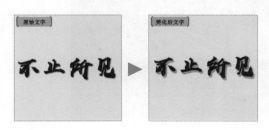

图 1-81

应用效果

文字应用于幻灯片的效果如图 1-82 所示。

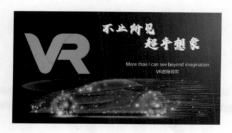

图 1-82

操作要点

❶ 复制文字，并设置与原文字差异比较大的颜色（见图 1-83），接着选中原文字，右击，在弹出的快捷菜单中选择"置于顶层"命令（见图 1-84）。

❷ 移动两个文本框，让它们基本保持重叠，稍稍错位，就体现出描边的效果了。

图 1-83

图 1-84

提　示

可能有的人会通过添加文字边框的方法制作描边字，但其效果无法呈现立体感，用户可以尝试设计并对比效果。

攻略 4：斜切字

文字处理

文字操作前后的对比效果如图 1-85 所示。

图 1-85

应用效果

文字应用于幻灯片的效果如图 1-86 所示。

图 1-86

操作要点

❶ 输入文字并设置好字体、字号，接着绘制一个很细的矩形，并旋转使其呈现出如图 1-87 所示的样式放置在文字上。

❷ 先选中下面的文本框，再选中上面的图形，在"绘图工具 - 形状格式"选项卡下的"插入形状"选项组中单击"合并形状"下拉按钮，在打开的下拉列表中选择"拆分"选项（见图 1-87），可以看到文字被拆分为很多个小图形，如图 1-88 所示。

图 1-87

❸ 依次选中交叉处所有不需要的小图形，将它们删除，得到的文字如图 1-89 所示。

图 1-88

图 1-89

❹ 根据设计需要将下半部分的图形设置成另一种颜色，从而实现文字斜切的效果。

扩展应用

　　按类似的图形配合对文字进行形状合并还可以创作出更多创意文字。思考一下图 1-90 所示的文字是如何实现的。

图 1-90

扫一扫，看视频

攻略 5：立体字

文字处理

　　文字操作前后的对比效果如图 1-91 所示。

图 1-91

文字应用于幻灯片的效果如图 1-92 所示。

图 1-92

操作要点

❶ 输入文字并设置字体、字号，选中文字并右击，在弹出的快捷菜单中选择"设置文字效果格式"命令，打开"设置形状格式"右侧窗格。

❷ 单击"文字效果"按钮，展开"三维旋转"栏，在"预设"效果中选择"透视：适度宽松"（见图 1-93），此时文字就有了一个向下倒的趋势。

❸ 展开"三维格式"栏，在"顶部棱台"中选择"硬边缘"，"高度"设为"30 磅"，"宽度"默认；在"底部棱台"中选择"圆形"，"高度"设为"40 磅"，"宽度"设为"0 磅"；将"光源"的"角度"设为 60°，如图 1-94 所示。

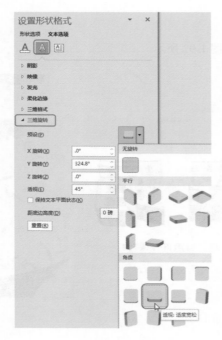

图 1-93　　　　　　　　　　　　图 1-94

攻略 6：渐隐字

扫一扫，看视频　　文字处理

文字操作前后的对比效果如图 1-95 所示。

图 1-95

文字应用于幻灯片的效果如图 1-96 所示。

图 1-96

❶ 输入文字并设置字体、字号，选中文字并右击，在弹出的快捷菜单中选择"设置文字效果格式"命令，打开"设置形状格式"右侧窗格。

❷ 单击"文本填充与轮廓"按钮，选中"渐变填充"单选按钮，参数设置如图 1-97 所示。注意在两个渐变光圈中，第一个光圈颜色为想使用的主色（如本例中想让文字主要显示为白色）；第二个光圈颜色为接近背景的深色，第二个光圈的透明度为 100%。另外，第一个光圈需要向右拖动一些，向右拖动的目的是让显示的变多，隐藏的变少。

> **提　示**
>
> 　　实现这种效果要注意各个文字应拥有独立的文本框，否则程序会把一个文本框内的所有文字作为同一个对象进行渐变，就达不到例图中的渐隐效果了。当制作好一个文字的渐变后，其他文字只要将文本框准备好，利用格式刷即可快速引用格式，然后再将各个文本框排列整齐即可。

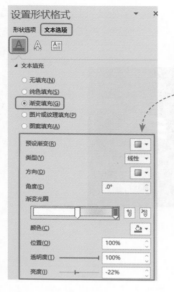

图 1-97

　　渐变的参数设置都集中在这里。首先需要设置渐变的"类型"和"方向"，选择类型后再设置渐变的方向（方向可以选择预设，也可以直接输入角度）。

　　"渐变光圈"的个数可以通过 和 两个按钮增加或减少（但至少要有两个）。在修改光圈点颜色时，需要先在标尺上定位，然后再更改颜色。还可以拖动调节位置。

　　若想呈现多层次的渐变效果，需要经过多次尝试比较，最终选择最优方案。

扫一扫，看视频

攻略 7：阴阳字

文字处理

　　文字操作前后的对比效果如图 1-98 所示。

图 1-98

文字应用于幻灯片的效果如图 1-99 所示。

图 1-99

操作要点

❶ 输入文字并设置字体、字号，选中文字并右击，在弹出的快捷菜单中选择"设置文字效果格式"命令，打开"设置形状格式"右侧窗格。

❷ 单击"文本填充与轮廓"按钮，选中"渐变填充"单选按钮，参数设置如图 1-100 所示。本例文字效果最关键的地方在于两个渐变光圈位置的设置，设置的颜色是从黑色到白色的渐变（注意这两种颜色应该选对比强烈一些的颜色）。第一个光圈为黑色，"位置"设为 30%（见图 1-100）；第二个光圈为白色，"位置"设为 31%（见图 1-101）。

❸ 切换到"文本轮廓"栏中，选中"实线"单选按钮，为文本设置一种轮廓线，如图 1-102 所示。

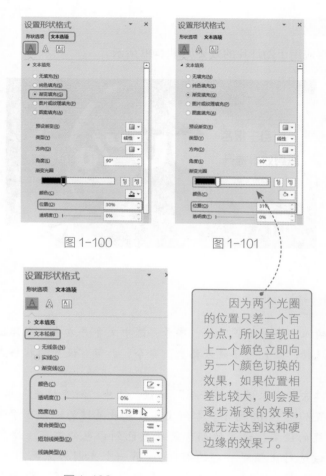

图 1-100　　　　　　图 1-101

图 1-102

因为两个光圈的位置只差一个百分点，所以呈现出上一个颜色立即向另一个颜色切换的效果，如果位置相差比较大，则会是逐步渐变的效果，就无法达到这种硬边缘的效果了。

扫一扫，看视频

攻略 8：七彩发光字

应用效果

文字应用于幻灯片的效果如图 1-103 所示。

图 1-103

操作要点

❶ 输入文字并设置字体、字号（见图 1-104），选中文字并右击，在弹出的快捷菜单中选择"设置文字效果格式"命令，打开"设置形状格式"右侧窗格。

❷ 单击"文本填充与轮廓"按钮，选中"渐变填充"单选按钮，参数设置如图 1-105 所示。注意在本例中使用了 5 个光圈，可以根据自己想要的色彩效果选择颜色。设置渐变后的文字如图 1-106 所示。

由于原文字还需要使用，所以可以复制文字来制作七彩发光字，原文字保留备用。

图 1-104

图 1-105

❸ 选中文字，按 Ctrl+X 组合键剪切，再按 Ctrl+V 组合键粘贴，然后在功能按钮中单击"图片"按钮（见图 1-107），把文字转换成图片。

图 1-106

图 1-107

❹ 打开"设置图片格式"右侧窗格，单击"图片"按钮，将"图片校正"栏中的"清晰度"调整到最低（见图 1-108），从而让文字呈现模糊的效果，如图 1-109 所示。

图 1-108

图 1-109

❺ 复制几张文字图片，本例复制了三张（见图 1-110），然后选中原来的文字，右击，在弹出的快捷菜单中选择"置于顶层"命令，如图 1-111 所示。接着再将制作好的七彩发光字依次移至原文字下方（见图 1-112），让它们重叠又不完全重合即可。

图 1-110

图 1-111

图 1-112

攻略 9：变形字

扫一扫，看视频

文字应用于幻灯片的效果如图 1-113 所示。

图 1-113

操作要点

❶ 输入文字并设置字体、字号，在文字旁绘制任意一个图形，先选中文字再选中图形，在"绘图工具 - 形状格式"选项卡下的"插入形状"选项组中单击"合并形状"下拉按钮，在打开的下拉列表中选择"拆分"选项（见图 1-114），这时文字被拆分成很多个独立的小图形，如图 1-115 所示。

图 1-114

图 1-115

❷ 将所有不需要的小图形删除，然后将"日"这个图形向下移，如图 1-116 所示。在右侧"寸"这个图形上右击，在弹出的快捷菜单中选择"编辑顶点"命令（见图 1-117），这时可以看到多个可编辑的顶点，拖动横线左侧的顶点可以拉长线条创意文字，如图 1-118 所示。

图 1-116　　　　　　　　　　　图 1-117

❸ 在"光"这个图形上右击，在弹出的快捷菜单中选择"编辑顶点"命令（见图 1-119），拖动横线右侧的顶点可以拉长线条创意文字，如图 1-120 所示。

图 1-118　　　　　　　　　　　图 1-119

❹ 对于"时"字中的点，也可以进行特殊设计，同样通过编辑顶点，然后把顶点向竖线上拉动，如图 1-121 所示。选中变换后的形状，在"绘图工具 - 形状格式"选项卡下的"形状样式"选项组中单击"形状轮廓"下拉按钮，在打开的下拉列表中可以为这个小图形添加轮廓线，如图 1-122 所示。编辑好的创意文字如图 1-123 所示。

图 1-120 图 1-121

图 1-122 图 1-123

攻略 10：拆分创意字

应用效果

文字应用于幻灯片的效果如图 1-124 所示。

图 1-124

操作要点

❶ 输入文字并设置字体、字号，在文字旁绘制任意一个图形，先选中文字再选中图形，在"绘图工具 - 形状格式"选项卡下的"插入形状"选项组中单击"合并形状"下拉按钮，在打开的下拉列表中选择"拆分"选项（见图 1-125），这时文字被拆分成很多个独立的小图形，如图 1-126 所示。

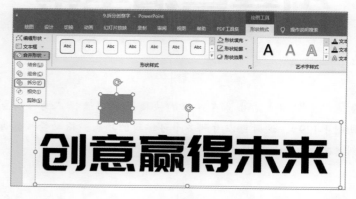

图 1-125

图 1-126

❷ 将所有不需要的小图形删除，然后再根据设计需要设置一些图形显示为不同的颜色，如图 1-127 所示。像"得"这个字，将原来的点删除，改为绘制一个小圆形来进行创意，如图 1-128 所示。

创意赢得未来

图 1-127

创意赢得未来

图 1-128

❸ 在"未"字上右击，在弹出的快捷菜单中选择"编辑顶点"命令（见图 1-129），这时可以看到多个可编辑的顶点，拖动竖线底部的顶点来创意文字，如图 1-130 所示。

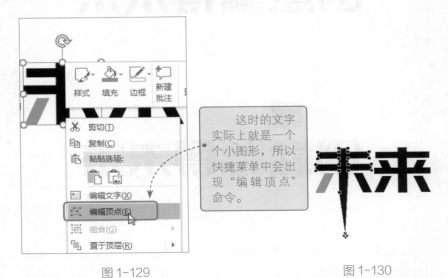

这时的文字实际上就是一个个小图形，所以快捷菜单中会出现"编辑顶点"命令。

图 1-129   图 1-130

扩展应用

　　按类似的拆分方法还可以删除文字中的一些笔画或部分，使用一些更加形象的图形来代替，从而制作出更多的创意文字，如图 1-131 和图 1-132 所示。

图 1-131

图 1-132

图形创意攻略

图形是幻灯片的好帮手，
不仅能通过设计突出主题文字，
而且能起到布局幻灯片页面的作用。

2.1　图形辅助设计的思路

思路 1：图形是修饰幻灯片的重要元素

版面布局在幻灯片的设计中是极为重要的，合理的布局能瞬间给人设计感，提升观者的视觉感受。而图形是修饰幻灯片版面最重要的元素，一张空白的幻灯片，经过图形修饰可立即呈现出不同的布局，在图 2-1 所示的幻灯片中，多处使用图形辅助设计布局整个版面。

图 2-1

因为图形的种类多样，并且可以通过调整图形顶点、合并形状等操作获取数不胜数的图形样式，所以其应用非常广泛，甚至可以说只要拥有设计思路，版面的布局可谓是创意无限。图 2-2 所示的幻灯片的标题处、页面左侧就使用了图形辅助设计。

图 2-3 和图 2-4 所示的一组幻灯片使用多个图形进行拼接来布局整个版面。

图 2-2

图 2-3

图 2-4

图 2-5 和图 2-6 所示的一组幻灯片都对文案进行了关键词的提炼，并使用图形进行设计，既突出了文案，又布局了页面。

图 2-5　　　　　　　　　　　　　　　　图 2-6

扫一扫，看视频

思路 2：图形让表达更形象

　　相对于文字，人们天生更容易理解和记忆图形，因此图形化的表达一方面可以提升观者的兴趣，另一方面也能加深其对内容的记忆。

　　图 2-7 所示的幻灯片为原始幻灯片，也可以使用图形辅助设计对版面与内容进行双重优化，让表达更形象，更能给人留下深刻印象，修改后的幻灯片如图 2-8 所示。

　　图 2-9 所示的幻灯片在内容方面中规中矩，似乎也挑不出什么毛病。但如果能用图形辅助设计幻灯片，则幻灯片的视觉效果会更好，图 2-10 所示为优化后的幻灯片。

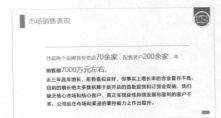

图 2-7　　　　　　　　　　　　　　　　图 2-8

<table>
<tr><td>图 2-9</td><td>图 2-10</td></tr>
</table>

思路 3：突出重要的文字信息

扫一扫，看视频

　　我们经常能看到这样一些幻灯片，为了能突出展示幻灯片中一些重要的文字信息，在文字底部插入一个颜色反差比较大的图形，即利用图形来反衬文字，这样的操作既布局了版面，又重点突出了文字信息。

　　图 2-11 所示的幻灯片中使用了图形来反衬该幻灯片最想突出表达的几个要素，实现了对多处文字的反衬。

　　图 2-12 所示的幻灯片中使用图形反衬和超大字号，能给观者比较大的视觉冲击。

<table>
<tr><td>图 2-11</td><td>图 2-12</td></tr>
</table>

　　另外，在全图幻灯片中，如果背景复杂或色彩过多，直接输入文字的话视觉效果很不好，此时常会使用图形辅助表达，达到突出显示的目的。图 2-13 所示的幻灯片为文字编辑区添加了图形底衬。

图 2-13

扫一扫，看视频

思路 4：形象地表达内容之间的逻辑关系

很多幻灯片在内容方面都具有一定的逻辑关系，如并列关系、因果关系、流程关系等。如果只使用文字，很难直观地表达出各种关系并且也很难给人留下深刻印象。这时使用图形则是最好的选择，而且在设计方面仍然具有很强的创造性，可以制作出高品质的幻灯片。

例如，从图 2-14 所示的幻灯片中可以非常直观地看到"效能 × 效率 × 勤恳 = 效益"这样一个逻辑概念。

再如，图 2-15 所示的幻灯片非常直观地展示了工作与生活之间的平衡关系。

图 2-14

图 2-15

而图 2-16 所示的流程关系则就更加明显与直观了。

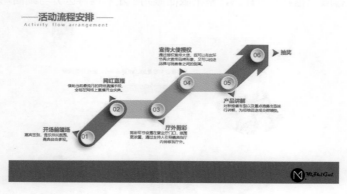

图 2-16

扫一扫，看视频

思路 5：不可忽视的线条

"线条"具有划分区块、平衡画面、表达分类、点缀画面等多种作用。从设计学的角度而言，线条是非常重要的设计语言，是最主要的造型手段，能在视觉上产生分割、延伸、指引和烘托的效果。往往细细的一根线，便可以使画面清晰、精致，使某些部分得到强调，从而使画面层次感分明。因此，在幻灯片的设计过程中，线条的使用及搭配使用是必不可少的。

下面通过例图来讲解线条各个功能项的应用。

1. 划分区块

线条的自由分割性使线条在平面中具有造型功能。设计者在进行版面分割时，应注意空间具有的内在联系。通过不同比例的空间分割，使版面产生各个空间的对比感与节奏感。

图 2-17 所示的幻灯片横向使用线条，分割主标题与副标题，阅读起来节奏顺畅。

图 2-17

图 2-18 所示的幻灯片纵向使用线条，分割图片与右侧介绍文字，同时文字在排版上也具有设计感，整个版面做到了左右内容区分与画面均衡。

图 2-18

2. 表达分类

　　所谓表达分类，实际是指在前面章节讲到的排版原则中的亲密原则，通过线条的指引则可以让各项内容之间的联系与差别表现得更加清晰和明确，更加方便阅读。

　　图 2-19 所示的幻灯片中的各个色块代表不同的内容，而使用线条规划各自的补充文案则让分类非常明确。

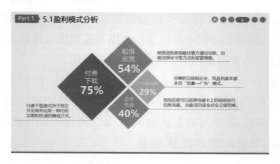

图 2-19

　　图 2-20 所示的幻灯片只有上、下两个分类，线条起到了非常明显的分割效果。

图 2-20

3. 线条指引

线条会因方向、形态色彩的不同而产生不同的心理效应。粗曲线产生的心理效应是清晰、单纯，具有刚性和直接固执感；细曲线给人以轻柔、优雅、婉转、流畅、舒适、和谐感。通过线条指引可以将观者的视线有意识地引导到目标范围中，以有效地完成视觉阅读。

图 2-21 所示的幻灯片中使用了几条扩散线，视线很自然地被牵引，表达效果非常明显。

图 2-21

图 2-22 所示的幻灯片中虽然使用了序号，但添加了线条更加具有指引性，在本图中还体现了循环的逻辑关系。

图 2-23 所示的幻灯片中在文字部分添加了一条装饰线，很自然地将观者的视线引导到文字上，并且还添加了英文辅助装饰。试想如果这张幻灯片只有一个标题，是不是会显得很空？有了这两个辅助元素，就会变得不一样。

图 2-22

图 2-23

4. 表达趋势

　　幻灯片中使用箭头类线条在展示事件的流程和表达数据信息的变化趋势方面具有非常显著的效果。

　　图 2-24 所示的幻灯片中使用了自由绘制的线条，以向上提升的方式显示，并以箭头结尾，显然能表达趋势。

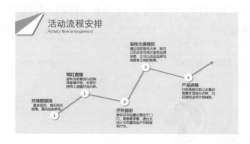

图 2-24

2.2　图形创意攻略及应用案例

扫一扫，看视频

攻略 1：使用调节钮变换图形样式

图形处理

　　图形操作前后的对比效果如图 2-25 所示。

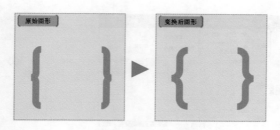

图 2-25

应用效果

图形应用于幻灯片的效果如图 2-26 所示。

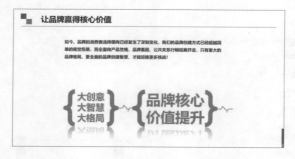

图 2-26

操作要点

❶ 在"插入"选项卡下的"插图"选项组中单击"形状"下拉按钮，在打开的下拉列表中选择"基本形状"栏中的"双大括号"（见图 2-27），制作默认图形，如图 2-28 所示。

❷ 在图形上右击，在弹出的快捷菜单中选择"设置形状格式"命令，打开"设置形状格式"右侧窗格，在"线条"栏中设置"宽度"为"15 磅"，如图 2-29 所示。

❸ 将鼠标指针指向黄色调节钮（见图 2-30），按住鼠标左键向右侧拖动（见图 2-31），调节后得到图 2-32 所示的图形。

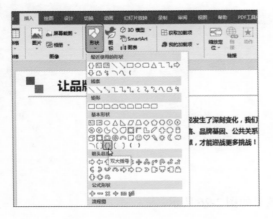

图 2-27

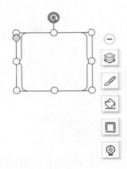

图 2-28

图 2-29

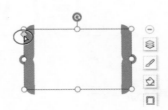

图 2-30

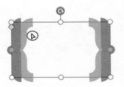

图 2-31

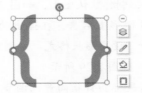

图 2-32

❹ 另外，本例的幻灯片中还使用了自定义曲线，在"形状"下拉列表中还有几个可以自由绘制线条的按钮（见图 2-33）。本例选择"任意多边形"，单击定位一个顶点，拖动绘制线条（见图 2-34），再单击定位一个顶点，需要结束时双击即可。

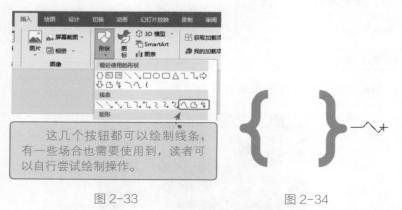

这几个按钮都可以绘制线条，有一些场合也需要使用到，读者可以自行尝试绘制操作。

图 2-33　　　　　　　　　　　　图 2-34

扫一扫，看视频

攻略 2：变换基本图形布局版面 1

图形处理

图形操作前后的对比效果如图 2-35 所示。

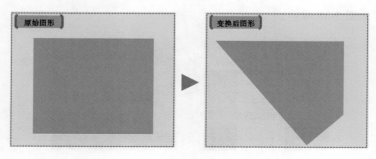

图 2-35

提　示

在布局幻灯片时，有时需要一些"形状"下拉列表中无法提供的图形，这时则需要通过调节图形顶点来获取更多不规则的图形，或更具设计感的图形。

应用效果

图形应用于幻灯片的效果如图 2-36 所示。

图 2-36

操作要点

❶ 绘制一个矩形图形，在图形上右击，在弹出的快捷菜单中选择"编辑顶点"命令（见图 2-37），此时图形的四个顶点则会进入可编辑状态，如图 2-38 所示。

图 2-37

图 2-38

第2章 图形创意攻略

❷将鼠标指针指向顶点,按住鼠标左键拖动(见图2-39)即可改变图形样式,本例中将左下角的顶点向右下角位置拖动,释放鼠标得到的图形如图2-40所示。

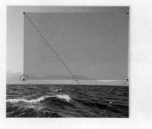

图2-39   图2-40

❸根据设计思路,如果有不满足要求的地方,则再次选择"编辑顶点"命令进入编辑状态,按相同的方法调整直到达到自己需要的图形框架。

攻略3:变换基本图形布局版面2

扫一扫,看视频

图形操作前后的对比效果如图2-41所示。

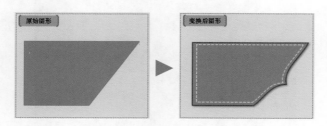

图2-41

图形应用于幻灯片的效果如图2-42所示。

图 2-42

操作要点

❶ 绘制一个与幻灯片页面大小相同的矩形图形，再绘制一个三角形与其叠加放置。先选中矩形图形，再选中三角形图形，在"绘图工具 - 形状格式"选项卡下的"插入形状"选项组中单击"合并形状"下拉按钮，在打开的下拉列表中选择"剪除"选项（见图 2-43），此时可以看到剪除后的图形，如图 2-44 所示。

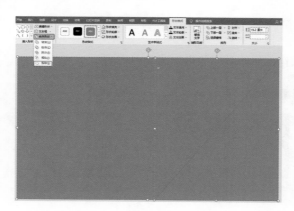

图 2-43

❷ 在图形上右击，在弹出的快捷菜单中选择"编辑顶点"命令（见图 2-45），接着在斜边靠下位置右击，在弹出的快捷菜单中选择"添

加顶点"命令（见图 2-46）。

❸ 向上拖动该顶点上侧的调节钮（见图 2-47），向上拖动该顶点下侧的调节钮（见图 2-48），接着再将顶点向右下方拖动，如图 2-49 所示。

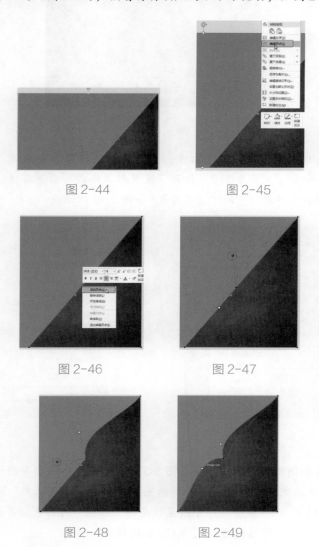

图 2-44　　　　　　　　　　　图 2-45

图 2-46　　　　　　　　　　　图 2-47

图 2-48　　　　　　　　　　　图 2-49

❹ 通过上面的操作就得到了如图 2-50 所示的图形。

图 2-50

❺ 选中图形，在图形上右击，在弹出的快捷菜单中选择"设置形状格式"命令（见图 2-51），打开"设置形状格式"右侧窗格。在"填充"栏中调节图形颜色的"透明度"，如图 2-52 所示。

图 2-51

图 2-52

❻ 复制图形并稍微缩小（见图 2-53），选中缩小的那个图形，打开"设置形状格式"右侧窗格。在"填充"栏中选中"无填充"单选按钮（见图 2-54），在"线条"栏中设置线条的"颜色"为白色，并设置线条的"宽度"与"短划线类型"，如图 2-55 所示。

图 2-53

图 2-54　　　　　　　　图 2-55

❼ 完成设置后，图形布局如图 2-56 所示。

图 2-56

攻略 4：渐变打造立体感

图形处理

图形操作前后的对比效果如图 2-57 所示。

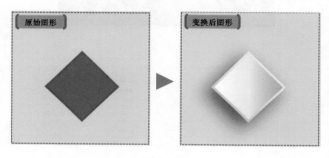

图 2-57

应用效果

图形应用于幻灯片的效果如图 2-58 所示。

图 2-58

操作要点

❶ 绘制正菱形图形，在图形上右击，在弹出的快捷菜单中选择"设置形状格式"命令（见图 2-59），打开"设置形状格式"右侧窗格。

单击"填充与线条"按钮，展开"填充"栏，选中"渐变填充"单选按钮，分别设置各项渐变参数，如图 2-60 所示。

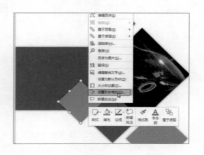

图 2-59

若要实现本书中的效果，请下载数据源查看参数详情。

图 2-60

提 示

关于光圈的数量、每个光圈所在的位置及各个光圈使用的颜色，若想呈现出多层次的渐变效果，需要经过多次尝试比较，最终选择最优方案。一般会使用同色系的渐变，或亮色系向灰色、黑色和白色的渐变等，一般不建议使用多色彩渐变的填充效果。

❷ 展开"线条"栏，选中"渐变线"单选按钮，分别设置各项渐变参数，如图 2-61 所示。

❸ 单击"效果"按钮，展开"阴影"栏，分别设置各项阴影参数，如图 2-62 所示。

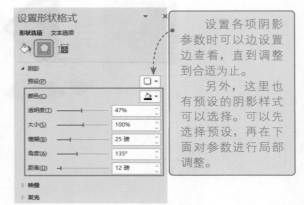

设置各项阴影参数时可以边设置边查看，直到调整到合适为止。

另外，这里也有预设的阴影样式可以选择。可以先选择预设，再在下面对参数进行局部调整。

图 2-61   图 2-62

扩展应用

按类似的方法也可以创建图 2-63 所示的立体图形。若要实现本书中的效果，请下载数据源查看参数详情。

图 2-63

攻略 5：阴影打造立体感

图形处理

扫一扫，看视频

图形操作前后的对比效果如图 2-64 所示。

图 2-64

应用效果

图形应用于幻灯片的效果如图 2-65 所示。

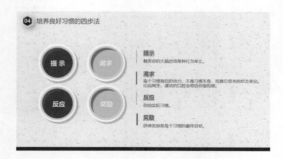

图 2-65

操作要点

❶ 绘制正圆图形，在图形上右击，在弹出的快捷菜单中选择"设置形状格式"命令，打开"设置形状格式"右侧窗格。单击"效果"按

钮，展开"阴影"栏，分别设置各项阴影参数，如图 2-66 所示。设置后得到的图形如图 2-67 所示。

图 2-66

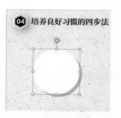

图 2-67

❷ 绘制稍小一些的正圆图形，打开"设置形状格式"右侧窗格。单击"效果"按钮，展开"阴影"栏，分别设置各项阴影参数，如图 2-68 所示。

❸ 单击"填充与线条"按钮，展开"线条"栏，选中"实线"单选按钮，设置线条的"颜色"与"宽度"，如图 2-69 所示。设置后得到的图形如图 2-70 所示，再将两个图形重叠放置，如图 2-71 所示。

图 2-68

这里一定要先在"预设"下拉列表中选择"内部：左上"这种样式，然后再进行参数设置。

图 2-69

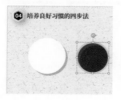

图 2-70

图 2-71

攻略 6：渐变打造弥散氛围感

图形处理

图形操作前后的对比效果如图 2-72 所示。

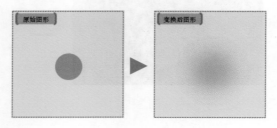

图 2-72

应用效果

图形应用于幻灯片的效果如图 2-73 所示。

图 2-73

操作要点

1. 设置黑色背景为渐变效果

在背景上右击，在弹出的快捷菜单中选择"设置背景格式"命令，打开"设置背景格式"右侧窗格，在"填充"栏中选中"渐变填充"单选按钮并设置参数，如图 2-74 所示。注意第一个光圈使用本幻灯片的主色调，可以根据效果调整亮度；第二个光圈为黑色，并且可以按效果调整位置。

图 2-74

2. 绘制具有弥散效果的图形

❶ 绘制图形，如图 2-75 所示。打开"设置形状格式"右侧窗格，单击"效果"按钮，在"柔化边缘"栏中设置"大小"为"15 磅"，如图 2-76 所示，柔化后的图形如图 2-77 所示。

图 2-75   图 2-76   图 2-77

提 示

注意，图形要小一些，柔化的数值要大一些，尽量让圆的边缘晕染开，只留一点色彩即可。只有这样，才有弥散效果。

❷ 选中图形，按 Ctrl+C 组合键复制，再按 Ctrl+V 组合键粘贴，然后在功能按钮中单击"图片"按钮（见图 2-78），把图形转换成图片，这样才能任意放大，也能突出弥散效果，如图 2-79 所示。

图 2-78

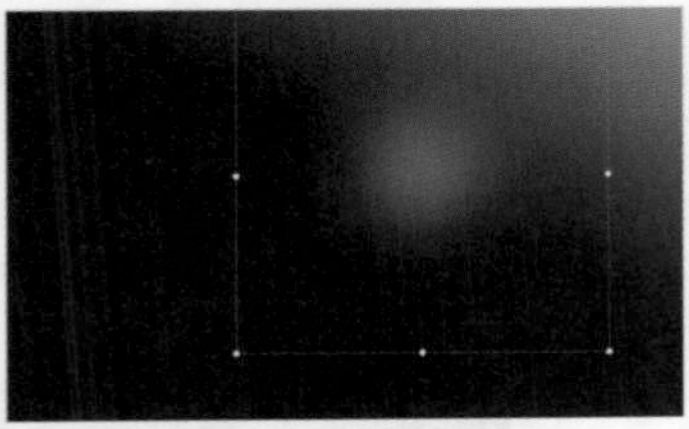

图 2-79

❸ 按相同的方法可以制作其他色调的弥散图形，本例又制作了一个黄色的弥散图形，然后放大并移动到合适的位置上合理排版，如图 2-80 所示。

图 2-80

❹ 在这个背景上进行文字、图片排版，效果会比在纯色背景上排版好很多。

攻略 7：二图形剪除获取创意图形

扫一扫，看视频

图形处理

图形操作前后的对比效果如图 2-81 所示。

图 2-81

应用效果

图形应用于幻灯片的效果如图 2-82 所示。

图 2-82

操作要点

❶ 绘制一个六边形图形，以上下平分的方式放置在矩形图形的上面，先选中下面的矩形图形，再选中上面的六边形图形，在"绘图工具 - 形状格式"选项卡下的"插入形状"选项组中单击"合并形状"下拉按钮，在打开的下拉列表中选择"剪除"选项（见图 2-83），此时可以看到剪除后的图形，如图 2-84 所示。

图 2-83

图 2-84

> **提　示**
>
> 在选择"合并形状"命令时，先选择哪个图形后选择哪个图形，最终的合并效果是不一样的。这需要读者根据自己的设计思路多进行一些操作尝试，总结经验。

❷ 绘制一个与原来相同的六边形并稍微缩小一些（也可以在合并前将原图形复制一个备用），并放置在剪除的空位上，即可得到想要的创意图形，如图 2-85 所示。

扫一扫，看视频

图 2-85

攻略 8：二图形组合获取创意图形

图形处理

图形操作前后的对比效果如图 2-86 所示。

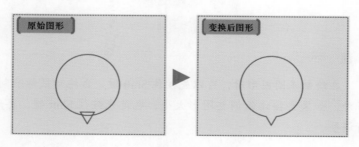

图 2-86

应用效果

图形应用于幻灯片的效果如图 2-87 所示。

图 2-87

操作要点

❶ 绘制一个正圆图形和一个等腰三角形（注意等腰三角形需要垂直翻转一次），二者按图 2-88 所示的样式重叠。

图 2-88

提　示

　　在绘制正圆图形时，可以先按住 Shift 键，再拖动鼠标绘制。另外，如果要按比例调整图形大小，也是先按住 Shift 键，再进行调整。

❷ 先选中圆形，再选中等腰三角形，在"绘图工具 - 形状格式"选项卡下的"插入形状"选项组中单击"合并形状"下拉按钮，在打开的下拉列表中选择"组合"选项（见图 2-89），此时可以看到组合后的图形，如图 2-90 所示。

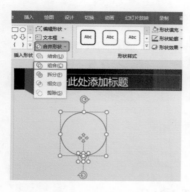

图 2-89　　　　　　　　图 2-90

❸ 复制组合的图形，将其中一个稍微缩小，并将二者重叠放置，得到本例中的创意图形，如图 2-91 所示。

❹ 选中内部的图形，为其设置图片填充，并取消其轮廓线条，完成例图中第一个图形的创建，如图 2-92 所示。

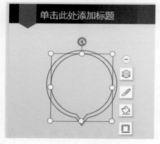

创建了第一个图形后，例图中其他图形可以复制得到，然后再更改其填充图片即可。

图 2-91　　　　　　　　图 2-92

攻略 9：二图形拆分获取创意图形

扫一扫，看视频

图形处理

图形操作前后的对比效果如图 2-93 所示。

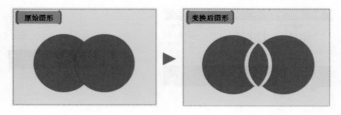

图 2-93

应用效果

图形应用于幻灯片的效果如图 2-94 所示。

图 2-94

操作要点

❶ 绘制两个正圆图形，呈半叠加状态放置，选中两个图形，在"绘图工具 - 形状格式"选项卡下的"插入形状"选项组中单击"合并形状"下拉按钮，在打开的下拉列表中选择"拆分"选项（见图 2-95）。此时根据二图形相交的情况，将其拆分为三个部分，用鼠标可以拖出，如图 2-96 所示。

❷ 得到所需的创意图形的基本形状后，从效果图中看到还需要进行添加图标以及设置颜色等一系列补充操作。本例中的渐变参数如图 2-97 所示，设置后的图形的渐变效果如图 2-98 所示。

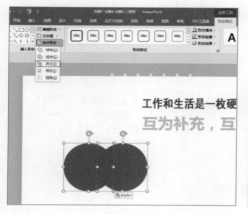

图 2-95

图 2-96

图 2-97

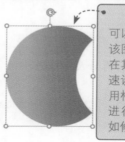

其他图形的渐变可以使用格式刷引用该图形的格式，然后在其他图形上单击快速设置，也可以在引用格式后对渐变效果进行局部个性设置，如修改渐变的方向。

图 2-98

❸ 按相同的方法将所有超出幻灯片边线的部分都用辅助图形进行裁剪。

　提　示

　　"合并形状"下拉列表中的"拆分"功能在图形的创意应用中发挥着重大的作用。下面再列举几个常见的拆分操作。

图 2-99 所示为均等拆分及操作方法。

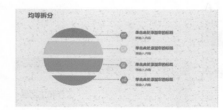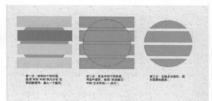

图 2-99

图 2-100 所示为十字拆分及操作方法。

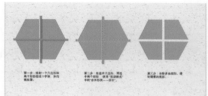

图 2-100

图 2-101 所示为组合拆分及操作方法。

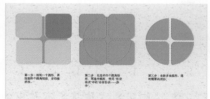

图 2-101

攻略 10：表达列举关系的图示 1

应用效果

幻灯片的效果如图 2-102 所示。

扫一扫，看视频

图 2-102

操作要点

❶ 双图形叠加实现立体感，如图 2-103 所示。

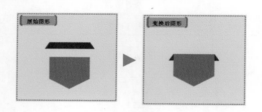

图 2-103

本例中底部使用的梯形图形是需要变换得到的，如果直接使用原始梯形，其斜角的幅度达不到设计要求，调整方法如下：绘制梯形图形后，左上角会出现可调节的黄色调节钮（见图 2-104），向右拖动调节钮调节上底宽度（见图 2-105），然后再大幅调整图形的高度，如图 2-106 所示。

图 2-104　　　　　图 2-105　　　　　图 2-106

❷ 将矩形框设置为无填充色，只使用灰色框线。
❸ 在底部矩形框中输入文字。

攻略 11：表达列举关系的图示 2

应用效果

幻灯片的效果如图 2-107 所示。

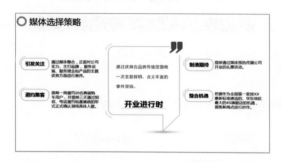

图 2-107

操作要点

1. 合并形状获取创意图形

❶ 绘制一个圆角矩形和一个三角形，按图 2-108 所示的形式半叠放。同时选中两个图形，在"绘图工具 - 形状格式"选项卡下的"插入形状"选项组中单击"合并形状"下拉按钮，在打开的下拉列表中选择"组合"选项，得到组合后的图形，如图 2-109 所示。

❷ 将组合后的图形设置为无填充色，只使用灰色框线，如图 2-110 所示。

图 2-108

图 2-109

图 2-110

2. 变换顶点获取逗号图形

❶ 绘制一个圆角矩形图形，在图形上右击，在弹出的快捷菜单中选择"编辑顶点"命令，进入可编辑状态，如图 2-111 所示。

❷ 将鼠标指针指向右下角顶点，按住鼠标左键向左下方拖动（见图 2-112），释放鼠标后得到的图形如图 2-113 所示。

| 图 2-111 | 图 2-112 | 图 2-113 |

3. 制作图形底部阴影

底部阴影实际是一个椭圆形，通过渐变设置可打造投影效果，如图 2-114 所示。

绘制椭圆形，打开"设置形状格式"右侧窗格，在"填充"栏中选中"渐变填充"单选按钮，选择渐变"类型"为"路径"，并设置灰色向白色的"渐变光圈"，如图 2-115 所示。

图 2-114

图 2-115

4. 制作图形拐角小弧线

绘制"弧线"图形，大小及弧度大小可根据实际情况调节，注意弧度大小是通过选中图形后出现的黄色调节钮来调节的。

攻略 12：表达流程关系的图示 1

应用效果

幻灯片的效果如图 2-116 所示。

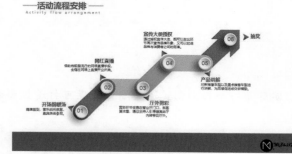

图 2-116

提　示

该图示采用多个小部件组合而成，在图形制作上难度不大，但使用者应具备能灵活运用图形的思维。

操作要点

1. 合并形状获取创意图形

图 2-117 所示中的最后一个箭头图形需要通过"合并形状"功能获取，制作方法如下。

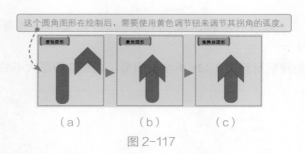

图 2-117

　　绘制一个圆角矩形图形和一个燕尾形，如图 2-117（a）所示，注意燕尾需要旋转调整方向，按图 2-117（b）所示的形式叠放。选中两个图形，在"绘图工具 - 形状格式"选项卡下的"插入形状"选项组中单击"合并形状"下拉按钮，在打开的下拉列表中选择"组合"选项，得到组合后的图形，如图 2-117（c）所示。

2. 制作立体小按钮

　　两个图形的连接处使用的是立体小按钮，制作方法如下。

❶ 绘制正圆形，打开"设置形状格式"右侧窗格，在"填充"栏中选中"渐变填充"单选按钮，选择渐变"类型"为"线性"，其他参数设置如图 2-118 所示。

❷ 在"线条"栏中选中"渐变线"单选按钮，选择渐变"类型"为"线性"，其他参数设置如图 2-119 所示。

图 2-118

图 2-119

❸ 单击"效果"按钮，在"阴影"栏中设置各项阴影参数，如图 2-120 所示。

经过处理后得到图 2-121 所示的图形，调整该图形大小并复制即可多处使用。

图 2-120　　　　　　　　图 2-121

3. 编辑顶点获取指向小箭头

❶ 绘制一个三角形图形，在图形上右击，在弹出的快捷菜单中选择"编辑顶点"命令，进入可编辑状态。

❷ 将鼠标指针指向底边正中间位置，右击，在弹出的快捷菜单中选择"添加顶点"命令（见图 2-122），添加一个顶点，如图 2-123 所示。

❸ 将鼠标指针指向新添加的顶点，向正上方位置拖动（见图 2-124），得到的图形如图 2-125 所示。

获取需要的图形后经过填充颜色设置、复制、旋转等操作即可多处使用。

图 2-122　　　　图 2-123　　　　图 2-124　　　　图 2-125

攻略 13：表达流程关系的图示 2

应用效果

幻灯片的效果如图 2-126 所示。

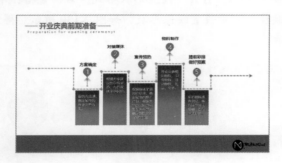

图 2-126

操作要点

1. 绘制开头与结尾都是圆点的线条

绘制线条，打开"设置形状格式"右侧窗格，在"线条"栏中选中"实线"单选按钮，设置"宽度"为"2 磅"，选择"短划线类型"为"方点"，如图 2-127 所示；设置开始箭头类型为图 2-128 所示的样式；设置结尾箭头类型为图 2-129 所示的样式。

图 2-127　　　　图 2-128　　　　图 2-129

2. 绘制开头是圆点、结尾是箭头的线条

最后一个线条的结尾使用了箭头而不是圆点，只需将结尾箭头类型重新设置一下即可。

3. 实现图形的倒影

选中泪滴形图形，打开"设置形状格式"右侧窗格，单击"效果"按钮，在"映像"栏中设置映像参数，如图 2-130 所示。得到的图形如图 2-131 所示。

图 2-130

图 2-131

攻略 14：表达两个分类的创意图示 1

应用效果

幻灯片的效果如图 2-132 所示。

图 2-132

　　在幻灯片中表达两个分类时有多种排版方式，使用图示来表达可以提升版面效果，既直观地表达了内容，又布局了版面。

操作要点

1. 合并形状获取创意图形
合并形状获取到的创意图形如图 2-133 所示。

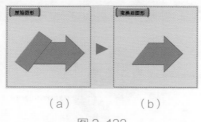

（a）　　　　　（b）

图 2-133

❶ 绘制一个"箭头：右"图形，再绘制一个矩形图形，按图 2-133（a）所示的形式半叠放。先选中"箭头：右"图形，再选中矩形图形，在"绘图工具 - 形状格式"选项卡下的"插入形状"选项组中单击"合并形状"下拉按钮（见图 2-134），在打开的下拉列表中选择"剪除"选项，得到合并后的图形，如图 2-133（b）所示。

❷ 在合并后的图形的左下侧拼接一个三角形，如图 2-135 所示。

图 2-134　　　　　　　　图 2-135

2. 图形渐变填充

可以按当前幻灯片的色调去搭配选择渐变光圈的
颜色，本例效果图中的渐变参数如图 2-136 所示。

扫一扫，看视频

攻略 15：表达两个分类的创意图示 2

应用效果

幻灯片的效果如图 2-137 所示。

图 2-136

图 2-137

操作要点

1. 合并形状获取创意图形

合并形状获取到的创意图形如图 2-138 所示。

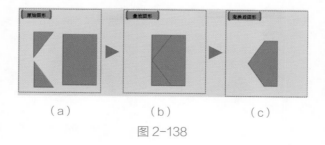

（a）　　　　　（b）　　　　　（c）

图 2-138

　　绘制一个矩形图形和两个三角形，如图 2-138（a）所示，注意需要旋转与调整三角形的方向，按图 2-138（b）所示的形式叠放。先选中矩形图形，再依次选中两个三角形，在"绘图工具 - 形状格式"选项卡下的"插入形状"选项组中单击"合并形状"下拉按钮，在打开的下拉列表中选择"剪除"选项，得到合并后的图形，如图 2-138（c）所示。

2. 设置图形边框

　　复制一个图形，进行垂直翻转，二者呈不对齐拼接，并设置图形为方点线的轮廓。

攻略 16：表达三个分类的创意图示 1

扫一扫，看视频

[应用效果]

　　幻灯片的效果如图 2-139 所示。

图 2-139

[操作要点]

1. 调整并旋转图形

调整并旋转得到的图形如图 2-140 所示。

本例中使用的图形是由半闭框图形变形而来的，调整方法如下。

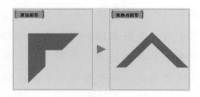

图 2-140

❶ 绘制半闭框图形（注意绘制正图形），选中图形后会出现两个黄色调节钮（见图 2-141），将鼠标指针指向上侧调节钮向左拖动，如图 2-142 所示；将鼠标指针指向左侧调节钮向上拖动，如图 2-143 所示。

❷ 调整完毕后对图形进行 45° 旋转。

图 2-141   图 2-142   图 2-143

2. 复制并缩小图形

对于其他小图形，可以复制调整完毕的图形，然后按住 Shift 键不放，拖动拐角的调节钮向内拖动，即可保持横纵比例不变得到小图形。

3. 设置图形边框

图形边框统一使用 2 磅白色线条，由于幻灯片的背景色为白色，肉眼看不到明显的效果改变，但是这样做达到的效果是：被压在下面的灰色框线可以呈现断裂感（可在效果图片中观察）。

攻略 17：表达三个分类的创意图示 2

应用效果

扫一扫，看视频

幻灯片的效果如图 2-144 所示。

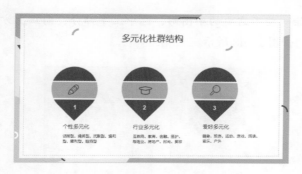

图 2-144

操作要点

拆分形状获取创意图形，如图 2-145 所示。本例中使用的图形是"形状"下拉列表中没有的，需要通过"合并形状"功能来获取。

❶ 绘制一个水滴图形，并对该图形进行精确的 135° 旋转，如图 2-146 所示。再绘制一个矩形图形，与旋转后的图形按图 2-145（a）所示的方式叠加。

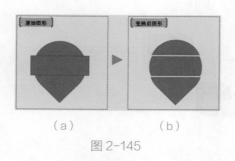

（a）　　　　（b）

图 2-145

图 2-146

❷ 选中两个图形，在"绘图工具-形状格式"选项卡下的"插入形状"选项组中单击"合并形状"下拉按钮，在打开的下拉列表中选择"拆分"选项，此时两个叠加的图形被拆分为多个图形，如图 2-147 所示。

❸ 删除一些不需要的小图形，选中上半部分，向正上方移动，空出小间隙，如图 2-148 所示。

图 2-147　　　　　　图 2-148

❹ 按相同的方法选中下半部分，向正下方移动，空出小间隙，就得到了效果图中的图示样式。

攻略 18：表达四个分类的创意图示 1

扫一扫，看视频

应用效果

幻灯片的效果如图 2-149 所示。

图 2-149

操作要点

拆分形状获取创意图形，如图 2-150 所示。本例中使用的图形是"形状"下拉列表中没有的，需要通过"合并形状"功能来获取。

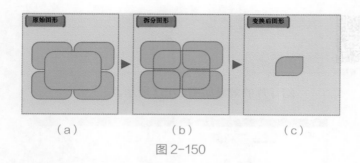

图 2-150

❶ 绘制四个相同大小的圆角矩形并均衡排放，再绘制一个大圆角矩形叠加放置，如图 2-150（a）所示。

❷ 先选中大矩形，再依次选中四个圆角矩形。在"绘图工具 - 形状格式"选项卡下的"插入形状"选项组中单击"合并形状"下拉按钮，在打开的下拉列表中选择"拆分"选项，此时可以得到多个拆分后的图形，如图 2-150（b）所示，拖出一个拆分后的图形，如图 2-150（c）所示。

❸ 将拆分得到的图形放大、旋转、拼接，并重新设置颜色即可得到效果图中的图示样式。

扩展应用

拆分得到的图形还可以排列为图 2-151 所示的样式。

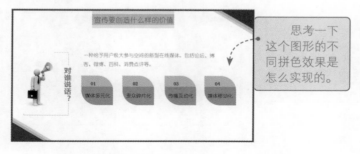

图 2-151

扫一扫，看视频

攻略 19：表达四个分类的创意图示 2

幻灯片的效果如图 2-152 所示。

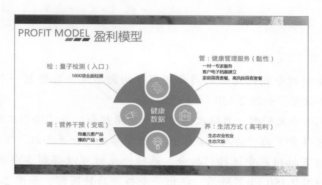

图 2-152

操作要点

1. 拆分形状获取创意图形

拆分形状后获取的创意图形如图 2-153 所示。

本例中用到的图形需要使用多个图形拆分处理得到，具体操作方法如下。

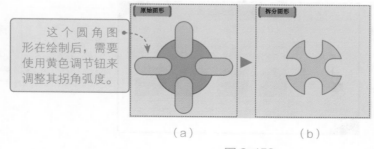

（a）　　　　　　　　　　（b）

图 2-153

❶ 绘制一个正圆图形和四个相同大小的圆角矩形，按图 2-153（a）所示的样式叠加旋转。

❷ 先依次选中四个圆角矩形，再选中正圆图形。在"绘图工具 - 形状格式"选项卡下的"插入形状"选项组中单击"合并形状"下拉按钮，在打开的下拉列表中选择"拆分"选项（见图 2-154），此时可以得到多个拆分后的图形，选中中间的那个图形，将其拖出（见图 2-155），该图形是我们需要的图形，其他图形都可以删除了。

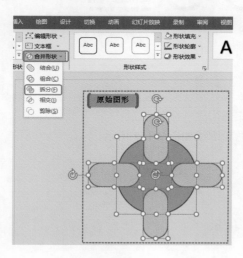

图 2-154

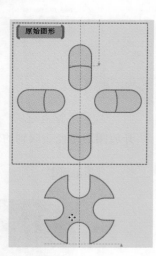

图 2-155

2. 搭配使用圆形和小图标补充设计图形

在图形的空白处搭配使用圆形和小图标，并使用指向线条补充设计图形。

攻略 20：表达四个分类的创意图示 3

应用效果

幻灯片的效果如图 2-156 所示。

扫一扫，看视频

图 2-156

操作要点

1. 开放图形路径获取创意轮廓线

开放图形路径获取到的创意轮廓线如图 2-157 所示。

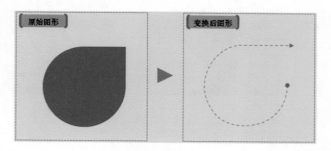

图 2-157

❶ 绘制泪滴形图形，在图形上右击，在弹出的快捷菜单中选择"编辑顶点"命令（见图 2-158），接着在尖角位置的黑点上再次右击，在弹出的快捷菜单中选择"开放路径"命令，如图 2-159 所示。

❷ 拖动尖角位置的黑点，将路径打开，如图 2-160 所示。

❸ 取消图形的填充色，这时可以看到图形变为一个开放的线条，如图 2-161 所示。

图 2-158

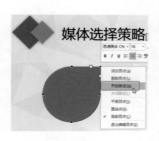
图 2-159

图 2-160

图 2-161

❹ 选中图形并打开"设置形状格式"右侧窗格。展开"线条"栏，分别设置线条的"颜色""短划线类型"（见图 2-162）、"开始箭头类型"（见图 2-163）、"结尾箭头类型"（见图 2-164）。

图 2-162

图 2-163

图 2-164

提　示

制作好第一个图形后，其他几个图形都可以通过"垂直翻转"与"水平翻转"等转换操作得到。

2.制作内部立体按钮图形

❶ 绘制正圆图形，打开"设置形状格式"右侧窗格。单击"填充与线条"按钮，展开"填充"栏，选中"渐变填充"单选按钮，分别设置各项渐变参数，如图 2-165 所示。

❷ 展开"线条"栏，选中"渐变线"单选按钮，分别设置各项渐变参数，如图 2-166 所示。

图 2-165

图 2-166

❸ 单击"效果"按钮，展开"阴影"栏，分别设置各项阴影参数，如图 2-167 所示。完成设置后可以得到图 2-168 所示的图形。

❹ 将该图形复制多个，移到前面制作好的线框内部进行使用。

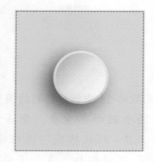

图 2-167　　　　　　　　　　图 2-168

攻略 21：表达四个分类的创意图示 4

扫一扫，看视频

应用效果

幻灯片的效果如图 2-169 所示。

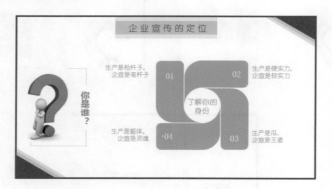

图 2-169

操作要点

拆分形状获取创意图形，如图 2-170 所示。

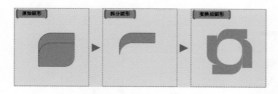

图 2-170

❶ 使用攻略 18 中拆分得到的图形，复制两个图形，如图 2-171 所示。

❷ 将两个图形半重叠，先选中上面的图形再选中下面的图形，在"绘图工具 - 形状格式"选项卡下的"插入形状"选项组中单击"合并形状"下拉按钮，在打开的下拉列表中选择"拆分"选项（见图 2-172），此时可以得到拆分后的图形，如图 2-173 所示。

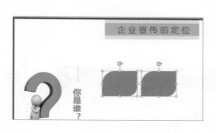

图 2-171

图 2-172

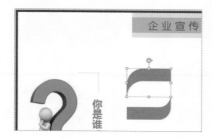

图 2-173

❸ 复制图形，并进行旋转、拼接，即可得到效果图中的图示样式。

第 3 章

图片创意攻略

没有画面的 PPT 是干瘪苍白的，
图形和图片使用得当，
就像曼妙的少女穿上了美丽的衣裳。

3.1 图片的应用思路

众所周知，在幻灯片的设计过程中离不开图片的参与，使用精美的图片可以在很大程度上提升幻灯片的可视化效果。这一节带领大家学习如何寻找满足要求的图片，了解图片辅助页面排版的一些具体思路。

思路 1：下载好图片

扫一扫，看视频

图片是提升幻灯片可视化效果的核心元素，因此寻找更有表现力的图片也是幻灯片制作过程中的重要工作之一。

对于幻灯片中单张使用的图片，最基本的要求是高清并且没有水印。如果有更高一些的要求，那就是要有创意才更好，或者符合当前幻灯片内容的意境，即找到意境图，因为这些图片搭配文案是让人过目不忘的根本。

图 3-1 所示的图片显然是碳中和、碳达峰的主题图片，应用于相关主题的幻灯片中就非常有代入感，如图 3-2 所示。

图 3-1

图 3-2

　　图 3-3 所示的图片表达出勤俭节约的主题，当安排好幻灯片的结构布局后，就可以轻松地应用图片了，如图 3-4 所示。

图 3-3

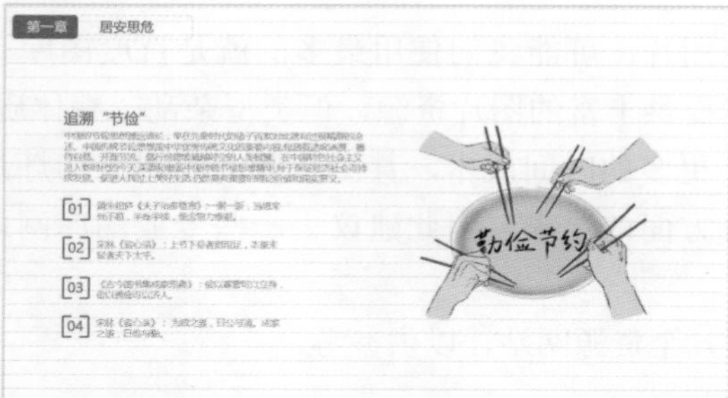

图 3-4

图 3-5 所示的图片中的道路伸向远方且是日落时分，用这张图片来设计一张结尾幻灯片非常贴切，如图 3-6 所示。

图 3-5

图 3-6

　　说到寻找图片，可能我们使用最多的就是百度图库、360 图库等，这些网站虽然提供丰富的图片资源，但类型杂乱，整体质量不是太高，无形中耗费了更多的时间成本，甚至有些图片用到幻灯片中还达不到清晰、美观等方面的要求。因此建议去一些专业图库网站寻找高质量图片。

　　下面推荐几个资源网站，以供参考。

1. Pixabay

Pixabay 的网站首页如图 3-7 所示。

图 3-7

Pixabay 是一个非常好用的免费图片综合性网站，集照片、插画、矢量图于一体，种类很丰富。另外，其号称可以将图片用在任何地方，而且无版权、可商用。关键是支持中文搜索，可以筛选不同类型的资源（见图 3-8），下载时还可以选择尺寸（见图 3-9）。

图 3-8

图 3-9

2. Pexels
Pexels 的网站首页如图 3-10 所示。

图 3-10

      Pexels 网站提供了众多的免费高清素材，图片很精美，最关键的是个人和商用都是免费的。该网站需要英文关键词搜索，不支持中文，但这些都不是问题，对于英文不是很好的用户，可以先确定中文关键词，再找个翻译软件翻译，然后进行搜索。图 3-11 所示为 Child's Play 这个关键词的搜索结果。

图 3-11

3. Magdeleine
Magdeleine 的网站首页如图 3-12 所示。

      在该网站中可以分类找图（风景、人物、动物、食物、建筑等），无须注册登录，就可以直接下载。当打开图片时可以显示该图片的配色方案，如图 3-13 所示。

图 3-12

图 3-13

思路 2：无背景的 PNG 格式图片

　　在 PPT 中除了常用 JPG 格式图片外，还有一种格式图片是十分常用的，就是 PNG 格式图片。PNG 格式图片一般称为 PNG 图标。PNG 图标天生就属于商务风格，与 PPT 风格较接近，经常作为 PPT 里的点缀素材，很形象、很好用。

　　PNG 格式图片有以下三个特点。

　　（1）清晰度高。

　　（2）背景一般透明。

　　（3）与背景很好融合且文件较小。

下面给大家推荐几个资源网站，以供参考。

1. 觅元素

觅元素的网站首页如图 3-14 所示。

图 3-14

该网站提供"免抠元素"分类主题（见图 3-15），也可以输入关键词，单击"搜元素"按钮去搜索。

图 3-15

2. pngimg

pngimg 的网站首页如图 3-16 所示。

图 3-16

这个网站最大的特点就是分类细致详细，方便查找，可以分类搜索或者根据关键词首字母搜索。网站提供海量免费的矢量图，全部是抠好的无背景的图片素材，可以满足 PNG 透明底配图的需要。

思路 3：图标的应用

扫一扫，看视频

图标一直是 PPT 设计中不可或缺的设计元素。通过小图标的使用，一般可以达到修饰文字或版面的作用。另外，搭配图标也可以更形象地展现文本内容。

阿里巴巴矢量图标库基本可以满足大部分用户对小图标的应用要求。

阿里巴巴矢量图标库网站首页如图 3-17 所示。

通过分类可以查看多种类型的图标（见图 3-18），其类型齐全，数据丰富，而且都是可以免费下载的。

图 3-17

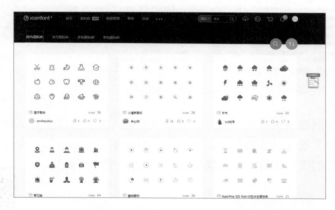

图 3-18

　　另外，在 PowerPoint 2019 版本中，微软其实也为我们提供了图标库，图标库中细分出很多种常用的类型，方便我们查找使用。

应用效果

　　图 3-19 所示为图标应用于幻灯片的效果。

图 3-19

操作要点

❶ 在"插入"选项卡下的"插图"选项组中单击"图标"按钮（见图 3-20），打开"插入图标"对话框。

图 3-20

❷ 在左侧的列表框中可以通过分类找到目标图标，选中图标，如图 3-21 所示。

这里可以看到有众多分类，可以切换查看并选择使用。

图 3-21

❸ 单击"插入"按钮即可插入图标，如图 3-22 所示。

❹ 所插入的图标可以任意填充为需要的颜色。在"图形工具 - 格式"选项卡下的"图形样式"选项组中单击"图形填充"下拉按钮，在打开的下拉列表中选择"取色器"选项（见图 3-23），然后拾取需要的颜色，如图 3-24 所示。

图 3-22

图 3-23

图 3-24

❺ 将图标调整到合适的大小并移到合适的位置上使用。

扫一扫，看视频

思路 4：全图版面

全图型幻灯片一般是指图片铺满整个页面，页面上文字较少，可能只有一句话或一个词。全图型幻灯片一般用于演讲型 PPT，如果配图得当，那么在演讲时，大图可以爆发出极强的震撼力。

但这样的幻灯片看似简单，却不是人人都能做到恰到好处的，它不是图片与文字的堆积，而应至少具备以下三个最基本的能力。

（1）排版能力：突出文案重点并提升美观性。

（2）配图能力：选择与文案匹配的且更具表现力的图片。

（3）构图能力：确定文案在图片上的位置，让页面达到匀称状态。

下面通过正反例来讲解一个何谓这三项能力。

1. 排版能力

全图型幻灯片中文字一般较少，排版也相对容易，关键要掌握一个要点，那就是对齐。然后进行文字字号、字体及颜色的特殊设置，也可以适当添加符号、线条、图形来提升关注度及美观性。

　　图 3-25 所示的幻灯片中的文案未经排版，而图 3-26 所示的幻灯片中的文字进行了主题的提取，并在横向与纵向上都进行了对齐处理。

图 3-25　　　　　　　　　　　　　　　图 3-26

　　也可以在文字上进行一些设计。例如，图 3-27 所示的标题幻灯片中对文字进行了一些特殊处理，在排版上也比较吸引人。

图 3-27

2. 配图能力

　　配图能力在思路 1 中提到过，图片应与文案之间有关联性，即尽量使用意境图，从而在观者脑海中快速构建出画面感。

　　图 3-28 所示的幻灯片中的配图虽然清晰、优美，但与当前文案在意境上则不搭配，没有代入感，如果改为图 3-29 所示的配图，则要妥当很多。

图 3-28　　　　　　　　　　　　　　　图 3-29

而图 3-28 所示的图片如果搭配下面的文案则非常合适，如图 3-30 所示。

图 3-30

3. 构图能力

构图能力可以简单地理解为：在选好图片后，如何放置自己的文案才最合理，或者根据自己文案多少的实际情况去选择哪种结构的图片，是上下留白的，还是左右留白的。这二者可进行综合考虑，达到的最终目的就是好图配上合理的排版。

如果图片有明显的视觉中心与非视觉中心，那么文案显然要设计在非视觉中心内。比如图 3-31 所示的这张幻灯片，图片的重心明显在右侧，非重心在左侧，所以构图时，需要在左侧设计文案。

同样，如果是上下构图，文案也要相应地改变位置，如图 3-32 所示。

图 3-31

图 3-32

当配图没有明显的视觉重心时，可以使用透明色块来创建文案区，以辅助文案的特殊显示。例如，图 3-33 所示的图片从构图上看没有视觉重心，可以使用前透明的色块来辅助文字的显示。

图 3-33

思路 5：半图版面

扫一扫，看视频

半图版面是指图片与文字各占差不多的比重，这种幻灯片更加便于文案的合理安排，图片一般使用的是中等图片。半图版面非常考验设计者的排版能力，意思就是说，在版面中使用图片时，不能只是扔出一张图片，抛进一段文字，而是要将文字与图片更加合理地布局，其中涉及文字排版，也涉及结合图形更加合理地布局页面。

例如，图 3-34 所示的幻灯片中简单地放置了文字与图片，甚至连分段都没有，显然是非常不合格的版面。而通过修改排版可以完全改善这种情况，如图 3-35 所示。

对于半图版面的安排一般会进行贴边处理。例如，图 3-36 所示的幻灯片中使用了底部贴边处理。

图 3-34

图 3-35

图 3-37 所示的幻灯片中使用了左侧贴边的效果，当然文案方面要注意合理进行排版。

图 3-36

图 3-37

也可以搭配图形来拼接使用，图形部分用于设计文案，如图 3-38 所示。还可以将图片填充于图形中，如图 3-39 所示。

图 3-38

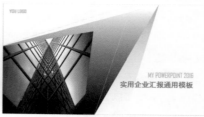

图 3-39

思路 6：多图版面

扫一扫，看视频

　　幻灯片中如果使用了两图或三图或多个小图，需要注意的是，不能只是图片的堆砌，而是要注重使用图片的目的。使用多图一般是用来辅助文案的分类与对比，在排版时要注意亲密原则，同时还要保持统一的外观样式，这样才能提升幻灯片的整洁度与专业性。

　　例如，图 3-40 所示的幻灯片中使用了两张图片并排放置，没有多少具有设计感的排版，但无论是图片的外观，还是各个同级元素的对齐方式上都做到了工整、规范。

　　再如，图 3-41 所示的幻灯片中使用了两张图片，文案使用图形来设计，图片紧密贴合自己的文案，同时具有统一外观样式，设计方案是合格的。

图 3-40　　　　　　　　　　　　　　图 3-41

思路 7：风格统一的组图

扫一扫，看视频

　　对于整套幻灯片中的配图而言，风格一致是基本要求，切记不能使用风格各异的图片，根据幻灯片的主题内容不同，可以使用一套商务意境图片、实物图片、卡通图片、扁平化图标等。

　　图 3-42 所示的一组幻灯片来自 WPS 中的稻壳素材，整套幻灯片采用了统一风格的卡通图片，并且在色调上也做到了统一。

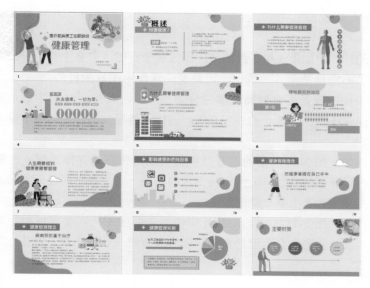

图 3-42

　　有时也会使用一张或两张图片去完成一组幻灯片的各个不同版面的设计，如图 3-43 所示。

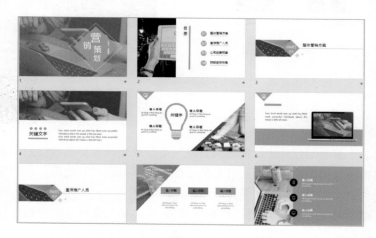

图 3-43

3.2 图片处理攻略

在前面的小节中，我们掌握了图片的来源以及一些应用思路，但是若想更加贴合地将图片应用于幻灯片，还需要懂得很多图片处理的方法，因为再美观的图片，只有以最合适的样式去应用才是设计者所需要的。

攻略 1：作用于背景的图片处理——16∶9 的裁剪比

扫一扫，看视频

寻找到适合作为背景的图片后，如果其纵横比例不一定恰巧吻合幻灯片的大小，那么即使通过横向或纵向的裁剪，也可能经过很多次还不一定正好铺满全屏，本裁剪方式就是专门为裁剪背景图片而设计的。

❶ 插入图片后，选中图片，在"图片工具 - 图片格式"选项卡下的"大小"选项组中单击"裁剪"下拉按钮，在打开的下拉列表中选择"纵横比"子列表中的 16∶9 选项，如图 3-44 所示。

根据图片的使用场合不同，还可以按相同的方法将图片处理为其他比例，如处理为正方形、等边矩形等，处理方法都是一样的。

图 3-44

❷ 此时程序会根据当前图片的尺寸来确定要被裁剪掉的区域，保持本色的是保留区域，灰色半透明的是即将被裁剪掉的区域（见图3-45），如果感觉默认的保留区域比较合适，可以直接在图片外任意位置单击确定裁剪。如果感觉不合适，还可以拖动图片，重新确定要保留的区域。

❸ 拖动图片的拐角，拉至全屏，就能保持图片在不变形的情况下铺满全屏，如图 3-46 所示。

图 3-45

图 3-46

提　示

　　当将图片作为背景时，如果已经在上面编辑了其他元素，在添加背景后可以右击图片，在弹出的快捷菜单中选择"置于底层"命令。

扫一扫，看视频

攻略 2：作用于背景的图片处理——加蒙层

　　作用于背景的图片如果整个画面没有明显的视觉中心与非视觉中心，这时在上面写文案会让文字不够突出，让主体不够突出，会造成阅读干扰。这种情况下为图片加蒙层是最常见的一种处理方式。

应用效果

图 3-47 所示为原图，图 3-48 所示为加蒙层后的效果。

图 3-47　　　　　　　　　　　　　图 3-48

操作要点

❶ 在图片上绘制图形，选中图形（见图 3-49），在图形上右击，在弹出的快捷菜单中选择"设置形状格式"命令，打开"设置形状格式"右侧窗格。

❷ 在"填充"栏中更改"颜色"与"透明度"，如图 3-50 所示。经过处理后，图片上就形成了一个蒙层，如图 3-51 所示。

图 3-49　　　　　　　　　　　　　图 3-50

图 3-51

扫一扫，看视频

攻略 3：作用于背景的图片处理——图形遮挡

图形遮挡仍然需要在图片上合理规划出文案书写区域，但设计出怎样的遮挡方案完全取决于设计者的思路。因此可以说这种设计方案是无限多的，但有一点需要注意，在预留出文案书写区域后，文字的设计与排版仍然是很重要的，这就是为什么我们在第 1 章中反复地强调文案排版。

图 3-52 所示的幻灯片使用了双层圆形的设计作为文案书写区域。

图 3-52

图 3-53 所示的幻灯片使用了三分之一的区域全遮挡作为目录书写区域。

图 3-54 所示的幻灯片使用了半透明图形进行遮挡作为文案书写区域。

图 3-53　　　　　　　　　　　　　图 3-54

攻略 4：作用于背景的图片处理——毛玻璃特效

扫一扫，看视频

　　如果想直接在背景图片上书写文案，并且图片也没有明显的留白区域，这时可以将图片处理为模糊的毛玻璃效果。这种效果是通过设置图片的艺术格式实现的。

应用效果

　　图 3-55 所示的幻灯片中使用的是原图，图 3-56 所示的幻灯片中的图片为虚化后的应用效果。

图 3-55　　　　　　　　　　　　　图 3-56

操作要点

　　❶ 在图片上右击，在弹出的快捷菜单中选择"设置图片格式"命令，打开"设置图片格式"右侧窗格，单击"效果"按钮，在"艺术效

果"栏中选择"虚化"效果，如图 3-57 所示。

❷ 选择该效果后，将"半径"调节为 45（用于控制模糊程度，可以边调节边查看），如图 3-58 所示。

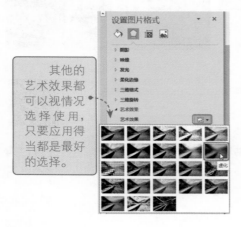

其他的艺术效果都可以视情况选择使用，只要应用得当都是最好的选择。

图 3-57

图 3-58

扩展应用

虚化的艺术效果还可以有其他应用思路。例如，图 3-59 所示的幻灯片视觉感受是上下部分是原图，只有中间部分是虚化效果，怎么实现的呢？

图 3-59

　　复制图片，使两张图片完全重叠，利用裁剪功能将图片上下裁剪，只保留中间部分，然后设置裁剪后的图片为虚化效果（两条白色线条是后面补充绘制的）。

攻略 5：作用于背景的图片处理——底部渐变图形

扫一扫，看视频

　　底部渐变图形是一种非常好的处理背景图片的方式，可以实现在突出文字的同时又不破坏图片的美感。

【应用效果】

　　图 3-60 所示的幻灯片中使用的是原图，在图 3-61 所示的幻灯片中使用了一个图形并设置了渐变填充，可以看到左上角位置有蒙层遮挡，而图片的其他区域仍然清晰显示。

图 3-60　　　　　　　　　　　图 3-61

【操作要点】

　　❶ 在背景上绘制一个与幻灯片大小相同的矩形，打开"设置形状格式"右侧窗格，单击"填充与线条"按钮，选中"渐变填充"单选按钮，如图 3-62 所示。

　　❷ 参数设置如图 3-63 所示，注意三个渐变光圈使用背景图片中的主色调（可以用取色器拾取颜色），第二个光圈的"透明度"为 15%，第三个光圈的"透明度"为 100%，并把光圈的位置适当向前移一些，这样让图片右下角的区域基本处于无遮挡状态，如图 3-64 所示。

图 3-62

图 3-63

> 文字在左上角位置，表示这一块是需要遮挡的，因此渐变方向可以选择为"线性对角-左上到右下"。所以在应用这种方法时，需要根据文字的位置来选择渐变的类型和方向。

图 3-64

扫一扫，看视频

攻略 6：手动自由裁剪

在前面的操作中多次提到了裁剪操作，这种操作在图片的处理过程中虽然简单，但使用频率极高。

应用效果

图 3-65 所示的幻灯片中使用的是原图，而对图片裁剪后的应用效果如图 3-66 所示。

图 3-65　　　　　　　　　　　　　图 3-66

操作要点

❶ 选中图片，在"图片工具 - 图片格式"选项卡下的"大小"选项组中单击"裁剪"按钮（见图 3-67），此时图片中会出现 8 个裁剪控制点，如图 3-68 所示。

图 3-67　　　　　　　　　　　　　图 3-68

❷ 使用鼠标拖动相应的控制点到合适的位置即可对图片进行裁剪。这里准备裁剪图片上下部位，所以将光标定位到上方控制点，向下方拖动鼠标，如图 3-69 所示。

❸ 使用鼠标拖动下方的控制点到合适的位置（见图 3-70），松开鼠标，此时裁剪控制点内的区域为保留区域。

拖动拐角控制点可以实现同时从横向与纵向进行调整。

图 3-69　　　　　　　　　图 3-70

❹ 在图片以外的任意位置单击即可完成图片的裁剪。

攻略 7：将图片裁剪为图形

扫一扫，看视频

应用效果

图 3-71 所示的幻灯片中对图片进行了特殊裁剪，然后应用于幻灯片中。

图 3-71

操作要点

❶ 选中图片，首先对图片进行自由裁剪，裁剪的要求是：让图片的高度和宽度与最终要使用的尺寸大致保持相同，如图 3-72 所示。

图 3-72

　　自由裁剪的目的是让裁剪出的形状在纵横宽度方面不必进行大幅度调整，以免图片失真。

❷裁剪后，选中图片，接着单击"裁剪"下拉按钮，在打开的下拉列表中选择"裁剪为形状"子列表中的"流程图"栏中的"流程图：延期"（见图 3-73），得到的图形如图 3-74 所示。

图 3-73

图 3-74

❸在"图片工具 - 图片格式"选项卡下的"排列"选项组中单击"旋转"下拉按钮，在打开的下拉列表中选择"水平翻转"选项（见图 3-75），即可得到所需的图形外观的图片。

图 3-75

扫一扫，看视频

攻略 8：将图片裁剪为等腰三角形

可以直接将图片裁剪为各种形状，但如果要裁剪为一些正图形，如正圆形、正三角形等，除非图片本身是正方形，否则得不到正图形。因此如果想完成这种要求的裁剪，则需要在裁剪前先进行裁剪为正方形的操作。

应用效果

图 3-76 所示的幻灯片的拐角处使用等腰三角形图片作为装饰。

图 3-76

操作要点

❶ 选中图片,在"图片工具 - 图片格式"选项卡下的"大小"选项组中单击"裁剪"下拉按钮,在打开的下拉列表中选择"纵横比"子列表中的 1∶1 选项,如图 3-77 所示。

❷ 此时可以看到裁剪控制点内是一个正方形,可以根据需要拖动图片,重新确定要保留的区域,如图 3-78 所示。

图 3-77

图 3-78

❸ 裁剪后,选中图片,接着单击"裁剪"下拉按钮,在打开的下拉列表中选择"裁剪为形状"子列表中的"基本形状"栏中的"直角三角形"(一种特殊的等腰三角形)(见图 3-79),得到的图形如图 3-80 所示。

图 3-79

如果将该图形用于幻灯片的右下角位置，需要进行一次水平翻转的旋转操作。

图 3-80

在将图片裁剪为图形时，图形内填充的都是程序默认的图片中的一个画面，如果想让图形内显示出图片上的某个区域内的画面，操作方法就是先利用手动裁剪的方式将图片裁剪为只保留想要的区域，然后再执行裁剪为图形的操作。

攻略 9：将图片裁剪为直角扇形

应用效果

图 3-81 和图 3-82 所示的幻灯片为一套幻灯片，左下角与右上角的图片都是经过裁剪后的结果。

图 3-81

图 3-82

操作要点

❶ 直角扇形也属于正图形，因此裁剪前也需要先将图片裁剪为正方形，如图 3-83 所示。

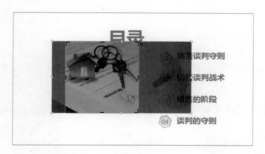

图 3-83

❷ 裁剪后，选中图片，在"图片工具 - 图片格式"选项卡下的"大小"选项组中单击"裁剪"按钮，在打开的下拉列表中选择"裁剪为形状"子列表中的"基本形状"栏中的"不完整圆"（见图 3-84），得到的图形如图 3-85 所示。

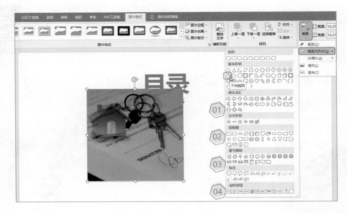

图 3-84

图 3-85

❸ 拖动右侧的黄色调节钮按顺时针方向调整，将图形调整为直角扇形，如图 3-86 所示。

❹ 将图形进行水平翻转，放大移至幻灯片左下拐角，如图 3-87 所示。

图 3-86

图 3-87

扫一扫，看视频

提　示

　　对于放置于右上角的直角扇形，可以拖动上方的黄色调节钮按逆时针方向调整，之后依然进行水平翻转操作得到最终图形。

攻略 10：将多图片裁剪为正圆图形

　　当将多张图片应用于同一张幻灯片中时，切忌不能随意地将图片堆砌进来，保证图片具有统一的外观非常重要，由于图片的大小、纵横比例等都并非完全一致，经常会需要将多个不同尺寸的图片裁剪成同一形状，经过裁剪后，可以让图片更加整齐统一。

应用效果

　　图 3-88 所示的幻灯片是将不同尺寸的几张图片裁剪为椭圆图形后的效果，可以看到大小不一、形状不一；而图 3-89 所示的幻灯片是统一处理为相同大小的正圆图形的效果。

图 3-88

图 3-89

操作要点

　　❶ 选中图片，在"图片工具 - 图片格式"选项卡下的"大小"选项组中单击"裁剪"下拉按钮，在打开的下拉列表中选择"纵横比"子

列表中的 1：1 选项。根据需要拖动图片，重新确定要保留的区域，如图 3-90 所示。

图 3-90

❷ 按相同的方法操作其他图片，将它们都裁剪为正方形。同时选中四张图片，在"图片工具 - 图片格式"选项卡下的"大小"选项组中设置相同的"高度"和"宽度"，从而将这几张图片调整为相同大小，如图 3-91 所示。

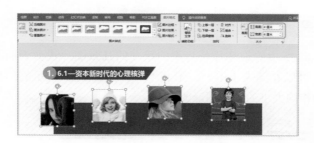

图 3-91

❸ 保持选中状态，在"裁剪"下拉列表中执行将图片裁剪为"椭圆"图形的操作，这时可以看到所有图形变为正圆形的外观，如图 3-92 所示。

图 3-92

❹ 移动第一张图和最后一张图，确定它们在幻灯片中的摆放位置，接着全选四张图，在"图片工具-图片格式"选项卡下的"排列"选项组中单击"对齐"下拉按钮，在打开的下拉列表中选择"顶端对齐"选项（见图 3-93）；接着在"对齐"下拉列表中选择"横向分布"选项（见图 3-94）。得到的图形是在水平方向保持精确的对齐，并且四幅图的间距也是一样的，如图 3-95 所示。

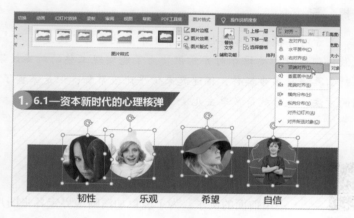

图 3-93

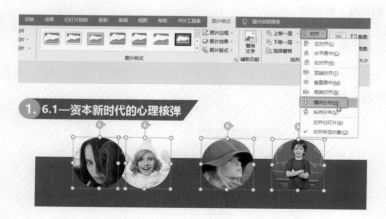

图 3-94

图 3-95

扫一扫，看视频

攻略 11：统一的外观样式

　　沿用前面的例子，为了能更加清晰地界定各张图片的边界，还可以为图片添加统一线条边框，这也是统一多图外观最常用的一种做法。

应用效果

　　图 3-96 所示的幻灯片中为几个正圆图形的图片添加了统一的表现边界的边框。

图 3-96

操作要点

一次性全选几张图片，在"图片工具-图片格式"选项卡下的"图片样式"选项组中单击"图片边框"下拉按钮，在打开的下拉列表中选择一种颜色，就添加了该颜色的边框，如图 3-97 所示。

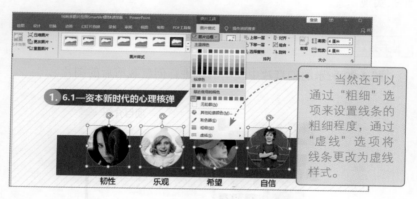

当然还可以通过"粗细"选项来设置线条的粗细程度，通过"虚线"选项将线条更改为虚线样式。

图 3-97

扩展应用

如图 3-98 所示的幻灯片，图片虽大小不一，也未按固定的对齐方式去对齐放置，但这样的设计也独具特色，并且也可以让人感受到规范、整齐和协调，这得益于统一的外观样式。

图 3-98

扫一扫，看视频

攻略 12：创意裁剪图片

创意裁剪图片是指将图片裁剪为"形状"下拉列表中没有的外观样式，要用这样的裁剪来设计幻灯片，需要借助图形来实现。

应用效果

图 3-99 所示的幻灯片中使用的是进行创意裁剪后的图片。

图 3-99

操作要点

❶ 在幻灯片中绘制如图 3-100 所示的多个图形。

图 3-100

❷ 一次性选中多个图形，右击，在弹出的快捷菜单中选择"组合"→"组合"命令（见图 3-101），这时多图形被组合成一个图形，如图 3-102 所示。

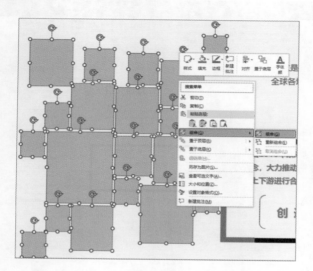

图 3-101

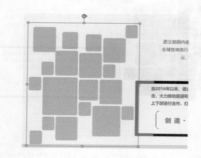

图 3-102

❸ 将要使用的图片插入一张空白幻灯片中，并按 Ctrl+C 组合键，复制到剪贴板中。然后选中合并后的图形，打开"设置图片格式"右侧窗格，选中"图片或纹理填充"单选按钮，接着单击下面的"剪贴板"

按钮（见图 3-103），则可以将图片填充到组合后的图形中，达到了创意裁剪的目的，如图 3-104 所示。

图 3-103

图 3-104

在本例中还进行了一个补充设计，让图片更加美观。其操作方法如下。

❶ 将组合并填充后的图形再复制一个，打开"设置图片格式"右侧窗格，单击"填充与线条"按钮，展开"线条"栏，选中"渐变线"单选按钮，设置"渐变光圈"和线条的"宽度"，如图 3-105 所示。

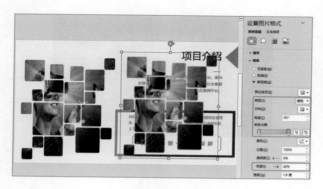

图 3-105

❷ 展开"填充"栏，选中"无填充"单选按钮（见图 3-106），这时图形只保留了线条，将其挪至创意图形上错位放置，即可达到设计效果。

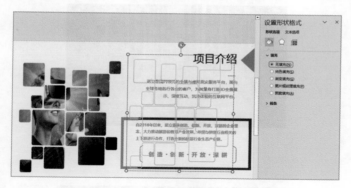

图 3-106

攻略 13：制作聚光灯效果

扫一扫，看视频

应用效果

图 3-107 所示的幻灯片是利用"合并形状"功能实现的特殊效果，这里暂且称为聚光灯效果。

图 3-107

操作要点

❶ 原图片如图 3-108 所示。在图片上添加了一个全屏大小的图形，设置填充"颜色"并设置"透明度"的参数，如图 3-109 所示。

图 3-108

添加了蒙层图形后，注意需要下移一层让文字显示到顶层。

图 3-109

❷ 先选中蒙层图形，再选中正圆图形，在"绘图工具 - 形状格式"选项卡下的"插入形状"选项组中单击"合并形状"下拉按钮，在打开的下拉列表中选择"组合"选项（见图 3-110），得到如图 3-111 所示的剪切效果。

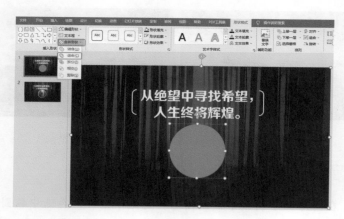

图 3-110

图 3-111

攻略 14：制作局部突出的效果

局部突出的效果是一种图片的突出处理效果，可以让图片的局部呈现放大并突出显示的效果。

应用效果

　　图 3-112 所示的图片为原图片，图 3-113 所示的图片为设置了局部突出的效果。

图 3-112

图 3-113

操作要点

　　❶ 在图片上绘制一个椭圆图形。先选中图片，再选中椭圆图形，在"绘图工具 - 形状格式"选项卡下的"插入形状"选项组中单击"合并形状"下拉按钮，在打开的下拉列表中选择"相交"选项（见图 3-114），得到如图 3-115 所示的剪切效果。

图 3-114

❷ 将裁剪后得到的图形覆盖到原图片的相同部位，在"图片工具 -
图片格式"选项卡下的"图片样式"选项组中选择"金属椭圆"边框，
如图 3-116 所示。

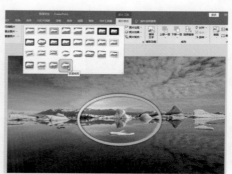

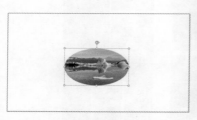

图 3-115

图 3-116

扩展应用

对于下面的图片，通过局部突出的处理，其效果也非常明显
（图 3-117 所示为原图片，图 3-118 所示为处理后的图片）。

图 3-117

图 3-118

攻略 15：多图拼接

扫一扫，看视频

在前面的一些范例中，接触了一些在幻灯片中使用多图的范例，在

使用多图时一再强调的原则就是保持外观的统一和依据一定的规则对齐。那么如果是大小不一的图片，该如何做到合理拼接呢？

如果使用三张图片，可按图 3-119 所示的图形进行拼接。

图 3-119

如果使用四张图片，可按图 3-120 所示的图形进行拼接。

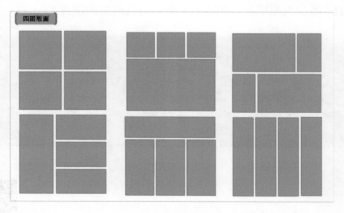

图 3-120

如果使用五张图片，可按图 3-121 所示的图形进行拼接。

图 3-121

　　虽然根据上面的样式是可以实现多图拼接的，但这牵涉图片的多步裁剪、对齐等操作，操作起来不是不能实现，而是会花费比较多的时间。在 PPT 中有一个"图片版式"功能，它可以迅速统一图片的外观，在应用后只要稍做修改即可满足设计需求。

【应用效果】

　　图 3-122 所示的幻灯片为默认的几张图片，拼接后的效果如图 3-123 所示。

图 3-122

图 3-123

【操作要点】

　　❶ 将图片都插入到幻灯片中并同时选中，在"图片工具 - 图片格式"选项卡下的"图片样式"选项组中单击"图片版式"下拉按钮，在打开的下拉列表中选择需要的版式，如图 3-124 所示。

　　❷ 选择"重音图片"版式，其应用效果如图 3-125 所示。

图 3-124

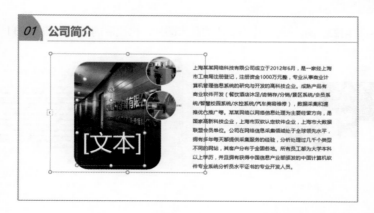

图 3-125

❸ 选中转换后的图片，右击，在弹出的快捷菜单中选择"转换为形状"命令（见图 3-126），这时图片就被转换成了一个形状（见图 3-127），然后就可以自由地编辑各个元素。

❹ 通过效果图可以看到两幅正圆图形进行了放大处理。

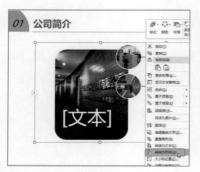

保持正圆样式放大，注意要按住 Shift 键不放，拖动拐角的控制点进行调整。

图 3-126　　　　　　　　　　图 3-127

扩展应用

图 3-128 所示的幻灯片中有大小不一的三张图片，通过应用"图片版式"功能，可以瞬间实现裁剪、统一外观，并保持对齐，如图 3-129 所示。

图 3-128　　　　　　　　　　图 3-129

 提　示

如果转换后感觉图片整体偏小，也可以一次性调整，选中图形，按住 Shift 键不放，将鼠标指针指向拐角向外拖动。这种操作可以保证同比例放大。

扫一扫，看视频

攻略 16：创意多图拼接 1

使用"图片版式"功能还可以实现创意图形的拼接效果，如实现图片与色块图形的混合排列。

应用效果

图 3-130 所示的幻灯片中为默认的几张图片，经过拼接后达到了图 3-131 所示的效果。

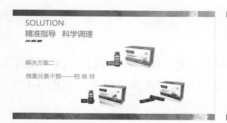

图 3-130

图 3-131

操作要点

❶ 绘制三个辅助图形，选中图片和三个辅助图形，如图 3-132 所示。

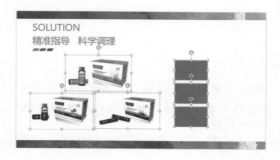

图 3-132

在选择时，注意要选择一张图片后再选中一个辅助图形，采用交叉选取的方式。

❷ 在"图片工具 - 图片格式"选项卡下的"图片样式"选项组中单击"图片版式"下拉按钮，在打开的下拉列表中选择"图片网格"版式，如图 3-133 所示。

图 3-133

❸ 选中转换后的图片，右击，在弹出的快捷菜单中选择"转换为形状"命令（见图 3-134），将其转换为形状，然后可以重新对各个对象进行补充编辑。

图 3-134

扫一扫，看视频

攻略 17：创意多图拼接 2

应用效果

　　图 3-135 所示的幻灯片中为默认的几张图片，经过创意拼接后达到了图 3-136 所示的效果。

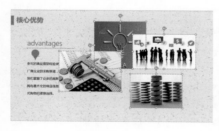

图 3-135

图 3-136

操作要点

　❶ 在"图片工具 - 图片格式"选项卡下的"图片样式"选项组中单

击"图片版式"下拉按钮，在打开的下拉列表中选择"六边形群集"版式，如图 3-137 所示。

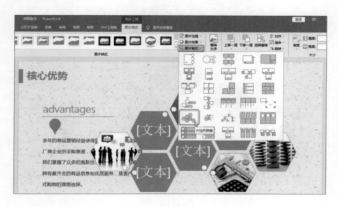

图 3-137

❷ 按前面相同的操作将图片转换为形状，选中形状，在"绘图工具 - 形状格式"选项卡下的"插入形状"选项组中单击"编辑形状"下拉按钮，在打开的下拉列表中将其形状更改为"菱形"，如图 3-138 所示。

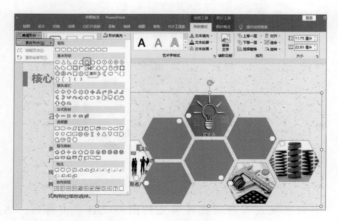

图 3-138

❸ 选中形状，右击，在弹出的快捷菜单中选择"组合"→"取消组合"命令，如图 3-139 所示。

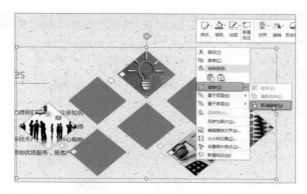

图 3-139

❹ 这时形状中的各个图形被打散为单个图形，保持选中状态，在"图片工具 - 图片格式"选项卡下的"大小"选项组中将"大小"设置为相同的高度和宽度，如图 3-140 所示。

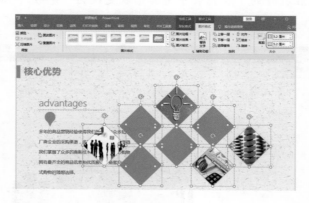

图 3-140

❺ 重新对色块图形与用图片填充的图形进行自由排列，然后在色块图形上添加文字，幻灯片就成了效果图中的样式。

第 4 章

表格应用攻略

表格是进行数据对比、数据分析的必要形式，
虽枯燥乏味，
但存在于幻灯片中，
也要精于设计。

4.1 表格页制作四步曲

扫一扫，看视频

步骤 1：清除格式

在 PPT 中直接插入的表格形式简单、效果粗劣，一般的设计者都不会使用，但是要设计出精美的 PPT 表格，仍然需要依托于基础表格的样式来寻找一些优化与美化方案。表格制作有四个基本的步骤，首先就是要清除原格式，之后才能进行一些优化处理。

图 4-1 所示的表格为原始表格，图 4-2 所示为清除原格式并进行优化处理后的效果，二者的可视化效果显而易见。

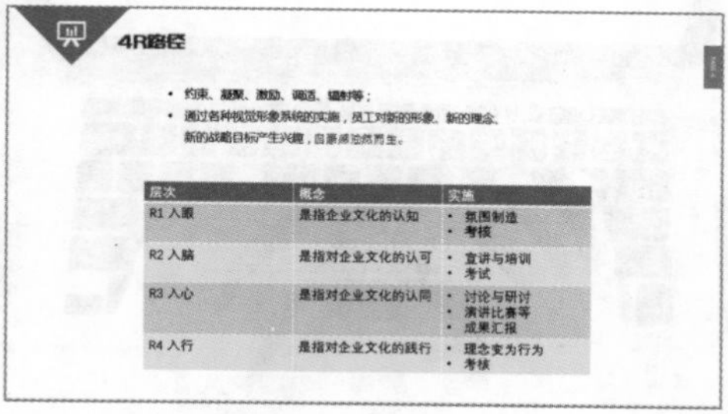

图 4-1

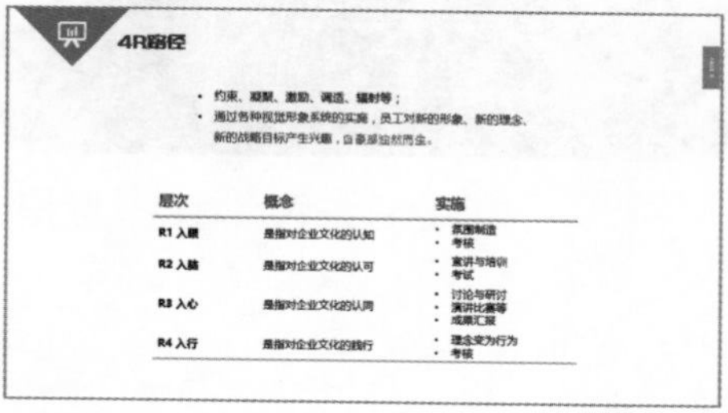

图 4-2

图 4-3 所示的表格为原始表格，图 4-4 所示为另一种优化处理后的表格。

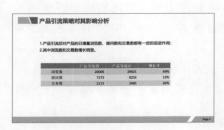

图 4-3 　　　　　　　　　　　　图 4-4

清除表格的方法：选中整张表格，在"表格工具 - 表设计"选项卡下的"表格样式"选项组中选择"无样式，无网格"样式（见图 4-5），从而取消表格的所有格式，如图 4-6 所示。

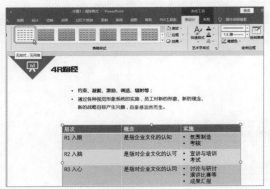

图 4-5 　　　　　　　　　　　　图 4-6

步骤 2：优化对齐

扫一扫，看视频

在创建表格后，很多人没有注意到对齐方式的设置，总是会使用居中对齐，但根据单元格的内容不同，也应采取不同的对齐方式。

1. 文本左对齐

如果单元格是文本内容并且长短不一，这时应使用左对齐方式，因为左对齐方式更符合阅读习惯，有明显的边界，有比居中对齐更强烈的参考线，视觉上会更加整齐。但如果文字较少使用居中对齐也是可以的。

下面用示例进行对比，图 4-7 所示为单元格居中对齐的效果，图 4-8 所示为优化为左对齐后的效果，可见优化后的表格更易于阅读，美观度也更高。

图 4-7

图 4-8

2. 数字右对齐

数字为什么要右对齐？因为从尾数比较大小更直观，并且如果数字包含不同的小数位，注意要先让数字保持相同的小数位（可以在尾部用 0 补齐）。

下面仍然使用示例进行对比，图 4-9 所示为单元格中数据居中对齐的效果；图 4-10 所示为将数据的小数位设置相同后，再进行右对齐后的效果，可见优化后的表格更加易于数据的比较。

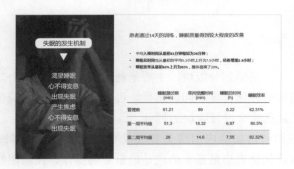

图 4-9

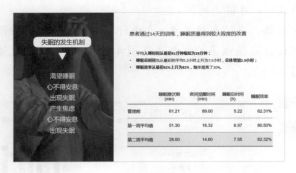

图 4-10

3. 多点内容使用项目符号分层展示

多点内容使用项目符号分层展示，可以让阅读过程更加舒适、更加轻松，同时在视觉上也会更有条理性。示例可见图 4-11 所示的表格。

图 4-11

扫一扫，看视频

步骤 3：划分版块

　　所谓划分版块，主要是利用线条和底纹两个功能项来提升表格数据的可视化程度和阅读感受。可以使用纯线条、纯色块，也可以使用线条加色块来进行版块的划分。

　　那么该如何自如地应用线条和底纹呢？这里有必要详细地讲解一下，因为这是优化表格最基本的也是最重要的操作。在应用线条前需要先设置线条格式，即使用什么线型、什么颜色、什么粗细程度的线条。设置线条格式后，才能去应用。

　❶ 选中表格，在"表格工具 - 表设计"选项卡下的"绘图边框"选项组中可以设置边框线条的线型（见图 4-12）、粗细（见图 4-13）以及颜色（见图 4-14）。

图 4-12

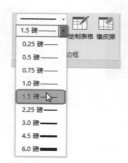

图 4-13

图 4-14

❷ 设置好线条格式后，选中图 4-15 所示的表格，在"表格工具 - 表设计"选项卡下的"表格样式"选项组中单击"边框"下拉按钮，在打开的下拉列表中选择要应用的位置，如同时应用"上框线"和"下框线"（见图 4-16），得到的框线如图 4-17 所示。

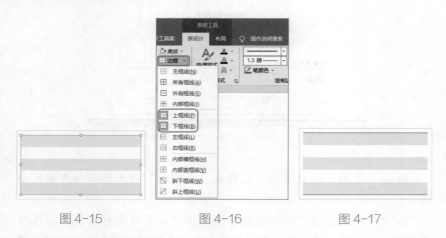

图 4-15　　　　　　图 4-16　　　　　　图 4-17

❸ 当需要其他边框样式时，可以再次设置线条格式，如设置深灰色 0.75 磅虚线，单击"边框"下拉按钮，应用"内部横框线"（见图 4-18），得到的框线如图 4-19 所示。

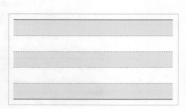

图 4-18　　　　　　　　　　图 4-19

例如，图 4-20 所示的幻灯片中的表格框线的效果在设置时经历了以下几个步骤。

图 4-20

❶ 选中表格，通过应用"无样式，无网格"样式取消所有框线和填充色。

❷ 选中表格，在"绘制边框"选项组中设置线条样式、粗细值与笔颜色，接着单击"边框"下拉按钮，在打开的下拉列表中选择"内部横框线"选项，如图 4-21 所示。

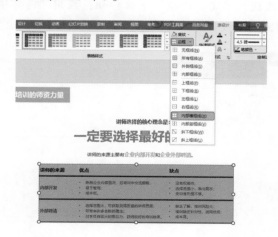

图 4-21

❸ 选中表格第二行，在"绘制边框"选项组中设置线条样式、粗细值与笔颜色，接着单击"边框"下拉按钮，在打开的下拉列表中选择"下框线"选项，如图 4-22 所示。

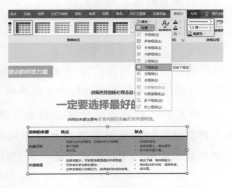

图 4-22

应用底纹的操作相对比较简单，只要准确地选中单元格区域，然后通过单击"底纹"下拉按钮，在打开的下拉列表中选择底纹颜色即可，如图 4-23 所示。

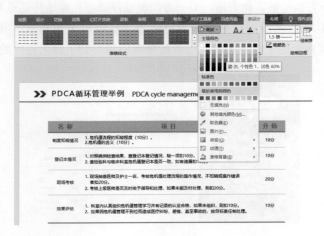

图 4-23

> ◆ 提　示
>
> 关于灵活应用线条，这里再总结一下。
>
> 第一步：设置想使用的线条的格式。
>
> 第二步：准确选中表格中要应用的区域。
>
> 第三步：选择要应用在表格的哪个位置，如"下框线"就应用在选中区域的最后一行的下框线，"内部横框线"就应用在选中区域中不包括第一行的上边线与最后一行的下边线的其他横线。
>
> "边框"下拉列表中的所有应用位置按钮都是开关按钮，单击应用，再单击则取消。一次应用不正确也没有关系，可以重新选中区域，再重新到"边框"下拉列表中选择应用位置。

步骤 4：突出重点

扫一扫，看视频

　　如果表格中的数据和文本量比较大，对重点数据的强调就显得很有必要。一方面能够美化表格，另一方面能够保障更直观地传递重要信息。

　　图 4-24 所示的幻灯片中的表格添加了底纹以突出重点，并使用上箭头直观地表达了经管理后，患者的睡眠质量得到了较大程度的改善。

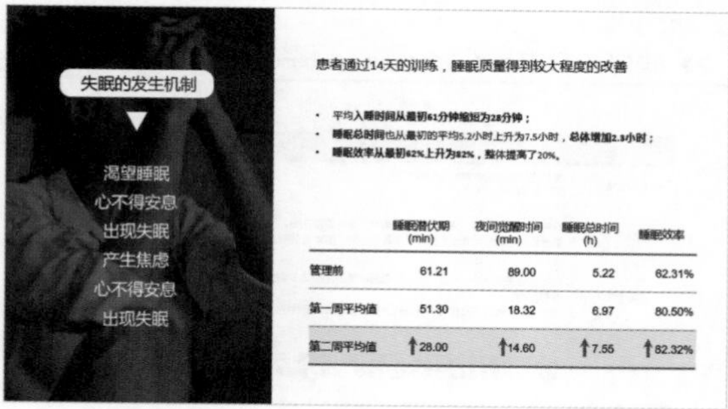

图 4-24

图 4-25 所示的表格中为增长率最明显的数据添加特殊图形，以达到特殊显示的目的。

图 4-25

4.2　表格美化攻略

扫一扫，看视频

攻略 1：局部突起的表格

局部突起的表格可以突出显示表格中某一部分的数据，同时也可以起到美化表格外观的作用。

应用效果

图 4-26 所示为设计完成的表格。

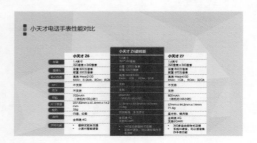

图 4-26

操作要点

❶ 设置单元格的文本全部左对齐，接着选中单元格区域，在"开始"选项卡下的"段落"选项组中单击"提高列表级别"按钮，将文本在保持左对齐的同时整体向右移动，如图 4-27 所示。

图 4-27

❷ 首先选中表格第三列，按 Ctrl+C 组合键复制，然后在表格以外的任意位置单击，按 Ctrl+V 组合键粘贴，这样就把这一部分数据复制为一张独立的表格，如图 4-28 所示。

图 4-28

❸ 将这张独立的表格移到原位置，并拖动拐角的控制点进行放大，如图 4-29 所示。

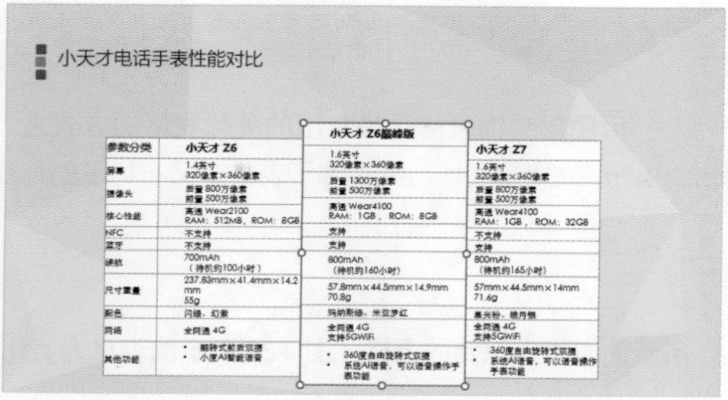

图 4-29

❹ 删除原表格的第一列，使用绘制图形的方式来制作行标识，如图 4-30 所示。

> 制作行标识的图形使用的是圆角矩形。注意右侧小部分通过置于底层隐藏在表格下方，并且所有图形都设置了阴影格式来增强其立体感。

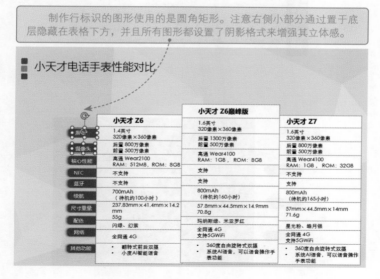

图 4-30

❺ 对中间的独立表格的格式进行设置，可以设置特殊的底纹颜色加强其突出显示的效果。

扫一扫，看视频

攻略 2：图形装饰的表格

　　　用图形装饰表格是最常用的美化表格的方式之一，其思路是在表格底部用图形来规划区域，既装饰了表格，又布局了幻灯片的版面。

应用效果

　　图 4-31 所示的表格为原始的表格，图 4-32 所示的表格为美化后的表格。

图 4-31

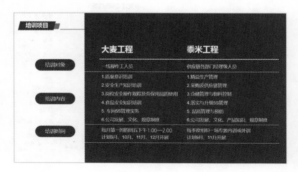

图 4-32

操作要点

❶ 取消表格的所有边框和底纹，如图 4-33 所示。

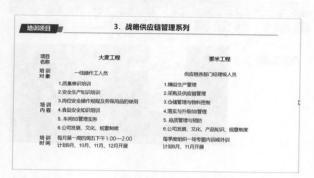

图 4-33

❷ 将表格调窄并放置到右半侧区域，插入一个图形，放置到表格底部，删除表格第一列的数据，经过处理后，表格如图 4-34 所示。

图 4-34

❸ 选中表格第一行，注意不包含第一列，在"表格工具 - 表设计"选项卡下的"绘制边框"选项组中设置线条样式、粗细值与笔颜色，接着单击"边框"下拉按钮，在打开的下拉列表中选择"下框线"选项，如图 4-35 所示。

插入图形后，默认是浮于表格之上的，在图形上右击，在弹出的快捷菜单中选择"置于底层"命令，在子菜单中可以选择下移一层或置于底层。

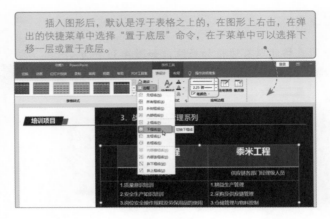

图 4-35

❹ 选中表格除第一行之外的所有行，重新设置线条样式、粗细值与笔颜色，接着单击"边框"下拉按钮，在打开的下拉列表中选择"下框线"选项，然后选择"内部横框线"选项，如图 4-36 所示。

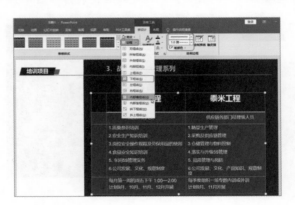

图 4-36

❺ 将表格左侧宽度调至与底部形状相同的宽度，如图 4-37 所示。
❻ 在左侧预留区域中使用图形作为表格的行标识，如图 4-38 所示。

图 4-37

图 4-38

扩展应用

利用图形装饰的思路，针对此表格还可以使用双色色块来设计，效果如图 4-39 所示。

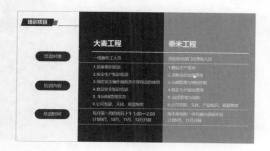

图 4-39

攻略 3：图片装饰的表格

扫一扫，看视频

用图片来装饰表格一般是将图片作为底图显示，但是为了避免底图对表格可视化的影响，除了表格排版外，还需要对图片进行一些处理。

应用效果

图 4-40 所示的表格为原始的表格，图 4-41 所示为美化后的表格。可见表格使用了图片进行装饰，但并不会遮挡表格主体。

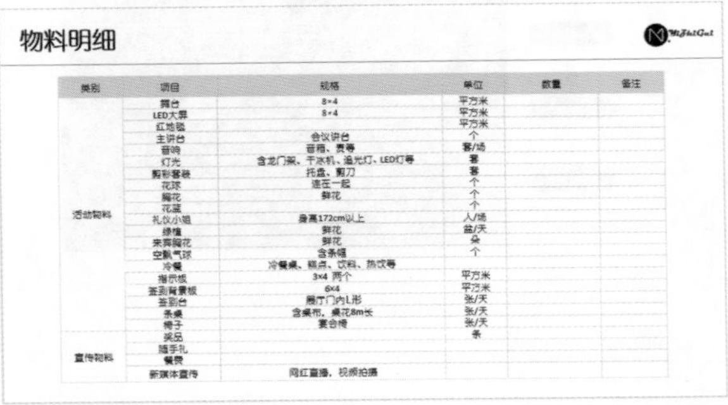

类别	项目	规格	单位	数量	备注
活动物料	舞台	8×4	平方米		
	LED大屏	8×4	平方米		
	红地毯		平方米		
	主讲台	会议讲台	个		
	音响	音箱、麦等	套/场		
	灯光	含龙门架、干冰机、追光灯、LED灯等	套		
	剪彩套装	托盘、剪刀	套		
	花球	连在一起	个		
	胸花	鲜花	个		
	花篮		个		
	礼仪小姐	身高172cm以上	人/场		
	绿植	鲜花	盆/天		
	来宾胸花	鲜花	朵		
	空飘气球	含条幅	个		
	冷餐	冷餐桌、糕点、饮料、热饮等			
	指示板	3×4 两个	平方米		
	签到背景板	6×4	平方米		
	签到台	展厅门内L形	张/天		
	条桌	含桌布，桌花8m长	张/天		
	椅子	宴会椅	张/天		
宣传物料	奖品		条		
	随手礼				
	餐费				
	新媒体宣传	网红直播，视频拍摄			

图 4-40

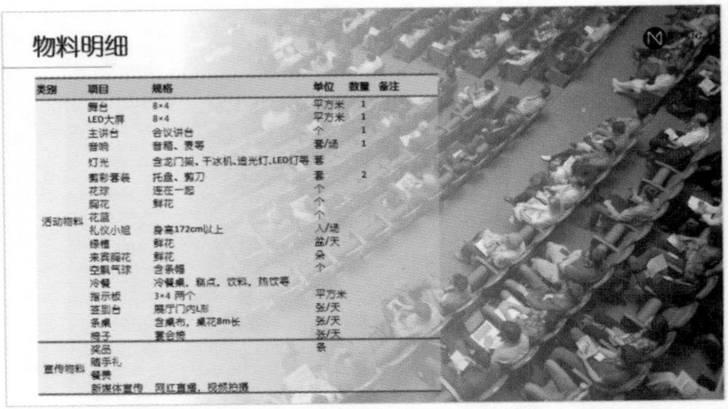

类别	项目	规格	单位	数量	备注
活动物料	舞台	8×4	平方米	1	
	LED大屏	8×4	平方米	1	
	主讲台	会议讲台	个	1	
	音响	音箱、麦等	套/场	1	
	灯光	含龙门架、干冰机、追光灯、LED灯等	套		
	剪彩套装	托盘、剪刀	套	2	
	花球	连在一起	个		
	胸花	鲜花	个		
	花篮		个		
	礼仪小姐	身高172cm以上	人/场		
	绿植	鲜花	盆/天		
	来宾胸花	鲜花	朵		
	空飘气球	含条幅	个		
	冷餐	冷餐桌，糕点，饮料，热饮等			
	指示板	3×4 两个	平方米		
	签到台	展厅门内L形	张/天		
	条桌	含桌布，桌花8m长	张/天		
	椅子	宴会椅	张/天		
宣传物料	奖品		条		
	随手礼				
	餐费				
	新媒体宣传	网红直播，视频拍摄			

图 4-41

操作要点

❶ 将表格宽度调窄，在"表格工具 - 布局"选项卡下的"对齐方式"选项组中分别单击"居中"和"垂直居中"两个按钮，如图 4-42 所示。

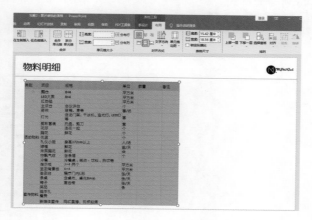

图 4-42

❷ 将图片插入到幻灯片中，注意要置于底层放置，如图 4-43 所示。

图 4-43

❸ 插入一个与图片大小相同的矩形图形（见图 4-44），打开"设置形状格式"右侧窗格，单击"填充与线条"按钮，展开"填充"栏，选

中"渐变填充"单选按钮，参数设置如图 4-45 所示。注意两个渐变光圈都使用白色，第二个光圈的透明度设置为 100%，并把第一个光圈的位置适当向后移一些，如图 4-45 所示。对图形进行渐变设置后，其显示为图 4-46 所示的格式。

图 4-44　　　　　　　　　　　　　　　　　图 4-45

图 4-46

❹ 将图形移至表格下方，但注意要在图片的上方，达到的效果如图 4-47 所示。

> 对于浮于最上方的对象，如果要下移，方法都是选中对象后执行"下移一层"命令，如果还没有移到想要的位置，则继续执行"下移一层"命令。

图 4-47

❺ 选中表格第一行，注意不包含第一列，在"表格工具 - 表设计"选项卡下的"绘制边框"选项组中设置线条样式、粗细值与笔颜色，接着单击"边框"下拉按钮，在打开的下拉列表中选择"上框线"和"下框线"选项，并设置想要的底纹颜色，如图 4-48 所示。

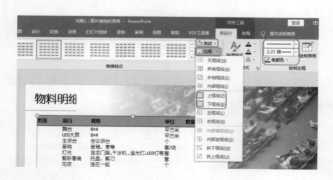

图 4-48

❻ 按相同的方法设置其他位置的框线，并把表格的两个不同分类设置为不同的底纹颜色。选中全表，右击，在弹出的快捷菜单中选择

"设置形状格式"命令（见图 4-49），打开"设置形状格式"右侧窗格，在"填充"栏中将"透明度"调整为 55%（见图 4-50），从而实现表格半透明的底纹效果。

图 4-49　　　　　　　　　　　　　　　　　　图 4-50

扫一扫，看视频

攻略 4：卡片式表格创意

制作一张卡片式表格，并采用修改优化的方式带领大家一起学习。

图 4-51 所示的表格为原始表格，图 4-52 所示的表格为重新排版优化后的表格。

图 4-51　　　　　　　　　　　　　　　　　　图 4-52

操作要点

❶ 分析该表格，发现其第一列与第二列完全可以使用一个列标识来归纳。选中表格第三列中预热期的条目，按 Ctrl+C 组合键复制，再在表格以外的任意位置单击，按 Ctrl+V 组合键粘贴，这样就把这一部分数据复制为一张小表格，如图 4-53 所示。

❷ 按相同的方法将各阶段的数据都复制为一张张小表格，然后将它们纵向地并排排列，如图 4-54 所示。

> 因为是修改并优化表格，在原数据已经建立了的情况下，利用这种方式可以避免重新建立并输入数据的麻烦。

图 4-53

图 4-54

❸ 这时可以看到三张小表格整体高度虽然一样，但是它们的行高大小不一，这时需要选中表格，在"表格工具 - 布局"选项卡下的"单元格大小"选项组中单击"分布行"按钮（见图 4-55），按相同的方法操作每一张表格，则可以让所有表格的行高保持一致。

❹ 删除各张表格中所有的框线和底纹，如图 4-56 所示。

图 4-55

图 4-56

❺ 在各张表格底部绘制相同的图形（见图 4-57），同时选中图形，打开"设置形状格式"右侧窗格，单击"效果"按钮，在"阴影"栏中设置阴影参数，如图 4-58 所示。

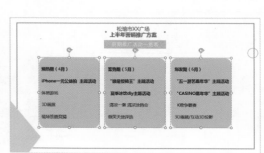

图 4-57　　　　　　　　　　　　　　　　图 4-58

❻ 为各张表格应用"下框线"，并且也可以设置某个图形为不同颜色，以起到突出或美化的作用。

扫一扫，看视频

攻略 5：可视化素材装饰 1

　　　　　　素材装饰是指利用一些与内容关联的素材来增强表格的可视化效果。

应用效果

图 4-59 所示是一张关于垃圾种类及处理方式说明的表格，该表格中就使用了形象的垃圾分类标识。

图 4-59

操作要点

❶ 把表格第一行与第一列数据都删除，但并不删除行列，以在后面起到占位的作用，如图 4-60 所示。

图 4-60

❷ 取消表格原来的填充颜色，重新设置全表灰色填充，然后为表格统一应用下框线，如图 4-61 所示。

❸ 采用文本框来绘制并添加行标识，如图 4-62 所示。

❹ 准备好贴切的图片，插入到幻灯片中作为列标识使用（见图 4-63），然后按相同的方法在每一列中都使用相应的图片。

图 4-61

图 4-62

图 4-63

  提　示

　　在使用图片素材装饰表格时，注意要使用风格相同的图片，最好是同一套组图，如果找不到风格相同的图片，也应将图片处理为相同的外观样式（在第 3 章中介绍过如何对图片进行统一外观的处理），这样看起来更加整洁、不杂乱。

攻略 6：可视化素材装饰 2

扫一扫，看视频

应用效果

图 4-64 所示的表格中应用了图标来显示是否超支，超支了用红色叉号，效果非常直观、明了。

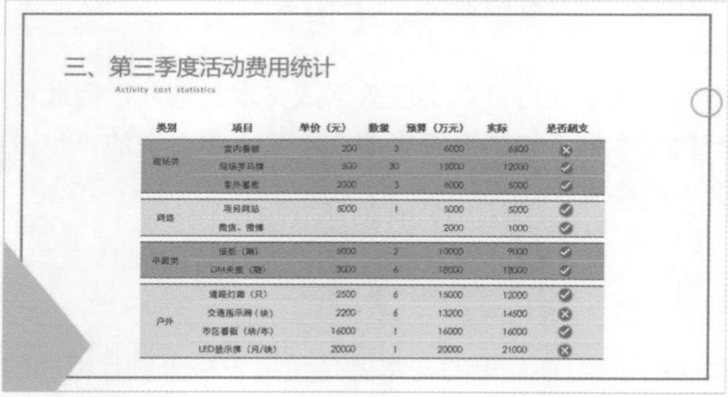

图 4-64

操作要点

❶ 本例表格按 4 种类型分为 4 个区域，每个区域使用 1.5 磅深灰色上框线与下框线，内部使用 0.75 磅浅灰色线条。

❷ 列标识设置为无框线、无填充的样式。

❸ 每个分类之间使用一个空行进行间隔，这里着重讲一下。

首先设置空行为无框线、无填充的样式，因为这里只起到一个间隔的作用，一般只会使用较小的行高值，但在调整行高时，当到达一个值后就再也无法调小了。这是因为 PPT 中的表格根据行内字体的大小，其行高有一个默认值。例如，当字号为 8 号时，最小行高为 0.34 厘米；当字号为 9 号时，最小行高为 0.38 厘米；当字号为 10 号时，最小行高为 0.42 厘米。所以要让行高变小，应该先选中该行，将文字的字号调小（见图 4-65），再来调整行高（见图 4-66）。

图 4-65

图 4-66

扫一扫，看视频

攻略 7：表格辅助页面排版

　　表格中的各个单元格可以实现数据或文本的输入，因此可以把一张表格当作一批文本框。如果要编辑的文本是工整对齐的，也可以使用表格来辅助文本的排版。

应用效果

　　图 4-67 所示的幻灯片中的文本就是使用表格来进行编排的。

图 4-67

操作要点

❶ 插入一张 2 行 6 列的表格，如图 4-68 所示。
❷ 通过调整行高和列宽把表格变为图 4-69 所示的样式。

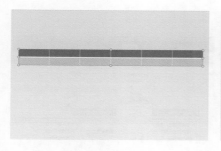

图 4-68

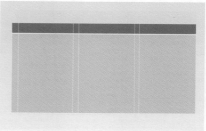

图 4-69

❸ 选中表格第一行中的所有单元格，在"表格工具 - 布局"选项卡下的"合并"选项组中单击"合并单元格"按钮（见图 4-70），将该行合并为一个单元格。

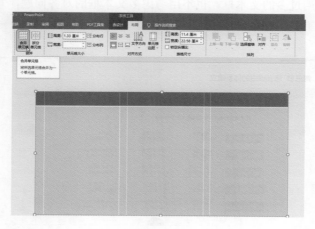

图 4-70

❹ 向单元格中输入文字，如图 4-71 所示。

❺ 对表格的框线进行设置，首先取消所有框线和填充颜色，在"表格工具 - 表设计"选项卡下的"绘制边框"选项组中设置线条样式，再应用下框线，如图 4-72 所示。

❻ 按相同的方法依次为有文本的三列应用左框线。

图 4-71　　　　　　　　　　　图 4-72

扩展应用

图 4-73 所示的文本效果也是利用表格排出来的。使用这种方法可以避免运用过多的文本框，也不用考虑多文本框的对齐问题，文档会呈现得非常工整、有序。

图 4-73

图表应用攻略

图表对数据的可视化展现，
无可替代。
让图表也精致起来，
是商务幻灯片的基本要求。

5.1　幻灯片图表的美化原则

在商务 PPT 中能合理地用好图表，会极大地提升说服力。当然对图表的应用也绝不能停留在过去的默认效果中，无论是图表本身，还是幻灯片中的排版内容，都要以设计的原则美化，把图表处理得既明确展示数据，又给人带来视觉享受。

原则 1：删除多余元素

扫一扫，看视频

在 PPT 中使用图表很重要的一点就是要选择简洁的图表类型，不需要多余的解释，任何人都能明白图表的含义，真正起到图表的直观沟通作用。因此我们说越简单的图表，越容易理解，越能让人快速易懂地理解数据，这才是数据可视化最重要的目的。

在建立默认的图表后，首先需要大刀阔斧地删除一些多余的元素。例如，图 5-1 所示的幻灯片显示的是一个刚刚插入的默认的图表，可以看到，无论是布局、配色，还是结构等方面都与幻灯片显得格格不入。

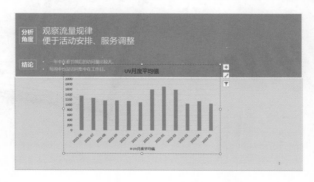

图 5-1

而经过排版后的图表则呈现出图 5-2 所示的外观，其他的优化要点暂时先不看，发现它删除了垂直轴标签、网格线、图例这些元素。让图表变得更加简洁。

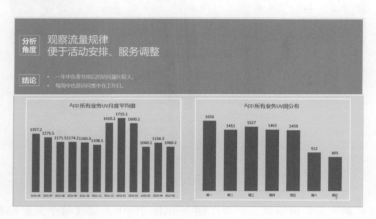

图 5-2

　　例如，在图 5-3 所示的幻灯片中，图表也删除了一切多余的元素，只要通过柱子的比较就能明白品牌认知度在几年中的上升情况。

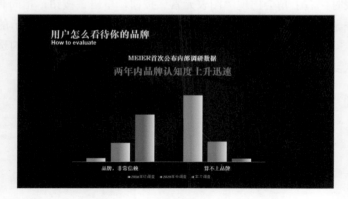

图 5-3

　　再例如，在图 5-4 所示的幻灯片中，折线图也同样以简约的模式呈现。

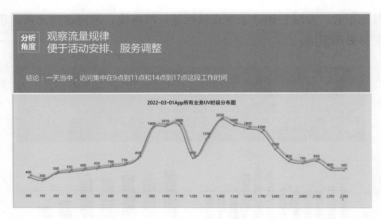

图 5-4

要删除元素很简单，只要在图表中准确选中元素（每个元素都有名称，要准确选中元素，只要将鼠标指针指向元素，停顿 2s，就可显示出该元素的名称，单击即可选中），按 Delete 键删除即可。如果元素已经删除了又想重新显示出来，则需要在"图表元素"列表中去操作。选中图表时，右上角会出现"图表元素"按钮，单击该按钮，指向具体项目，在子列表中保持复选框的勾选状态则可以恢复之前未显示的元素（见图 5-5 和图 5-6），即取消勾选复选框则是删除元素，重新勾选复选框则恢复显示。

图 5-5

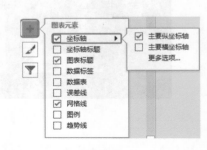

图 5-6

原则 2：修改配色字体

扫一扫, 看视频

　　先看两个系统默认配色的图表, 如图 5-7 和图 5-8 所示。这样的配色是不是值得人深思？可想而知, 这种色调的搭配基本是不会有人使用的。

图 5-7

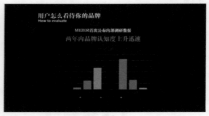

图 5-8

　　因此, 幻灯片中建立的图表其默认的配色与字体是必须进行修改和处理的。例如, 对图 5-7 和图 5-8 两张图在配色与字体方面进行了修改, 其效果如图 5-9 和图 5-10 所示。

图 5-9

图 5-10

修改要点

　　❶ 忌五颜六色, 如果是单个系列就使用当前幻灯片的主色调填充。

　　❷ 用亮色突出重点（可以使用当前幻灯片的主色调）, 其他使用灰色调或浅色调。

❸ 饼图与环形图可以从大到小排列，先确定一个主色调，然后应用不同深浅的梯度色，如主题颜色的同一列中的颜色（见图 5-11）。如果想应用更多的颜色，则选择"其他填充颜色"选项，打开"颜色"对话框，在"自定义"标签下的整个序列中都可以定位想使用的不同深浅色，如图 5-12 所示。图 5-13 所示的幻灯片中的图表是这种配色的应用范例。

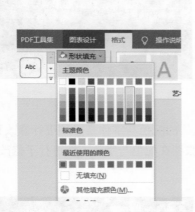

图 5-11

图 5-12

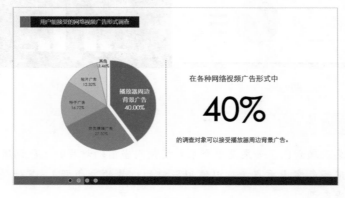

图 5-13

❹ 可以使用渐变色提升律动感。注意应是同一色调不同深浅之间的渐变，如同一颜色的不同深浅色（图 5-14 所示为原色调，图 5-15 所示为修改后的渐变色调），或者一种颜色搭配白色、搭配灰色。切忌在两种差距较大的颜色之间进行渐变。

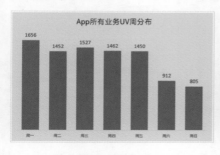

图 5-14　　　　　　　　　　　图 5-15

❺ 文字格式包括字体、字号和颜色，一般根据实际情况进行修改，做到与幻灯片匹配即可。

原则 3：调整图表的布局

扫一扫，看视频

默认图表的布局一定是需要调整的，一般包括调整图表分类间距、添加数据标签、调整图表的宽度和高度等。

1. 调整图表分类间距

分类间距是指图表中各个分类之间的距离。默认的图表中给出的分类间距一般是比较大的，调整方法如下。

❶ 原图表分类间距如图 5-16 所示，在数据系列上双击，打开"设置数据系列格式"右侧窗格。

❷ 单击"系列选项"按钮，调整"间隙宽度"（见图 5-17），调整后的图表的显示效果如图 5-18 所示。

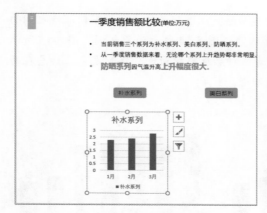

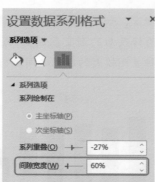

图 5-16　　　　　　　　　　　　图 5-17

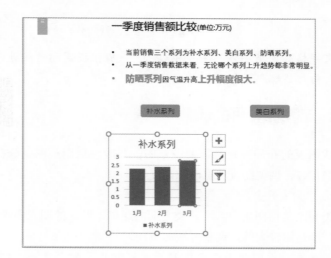

图 5-18

　　有时将分类间距调整为 0，也可以获取不一样的图表效果，图 5-19 所示的图表则是将分类间距设置为 0。

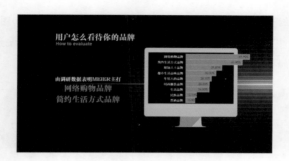

图 5-19

2. 添加数据标签

将数据标签显示在图表中，可以使观者直观地看到图形代表的数值，这时完全不需要使用数值轴，就能让图表更加简洁。

选中图表，单击右上角的"图表元素"按钮，在展开的列表中指向"数据标签"，子列表显示了几种数据标签可供选择（见图 5-20），本例选择"数据标签外"，如图 5-21 所示。

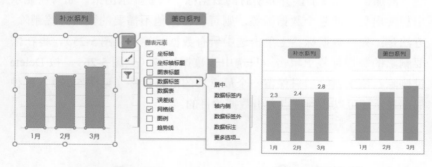

图 5-20　　　　　　　　　　　　　　图 5-21

另外，饼图的数据标签是比较特殊的，很多时候都需要显示出百分比，所以这里补充讲解一下。

❶ 在"数据标签"子列表中选择"更多选项"选项，打开"设置数据标签格式"右侧窗格，此处可以对数据标签包含的项目、位置等进行更多

合理设置。例如，勾选"类别名称"和"百分比"复选框，如图 5-22 所示。

❷ 展开"数字"栏，设置"类别"为"百分比"，并设置"小数位数"为 2，如图 5-23 所示，添加的数据标签如图 5-24 所示。

因为添加的"百分比"默认无小数位，如果要确定小数位，则需要在"数字"栏中来增加小数位。先通过单击下拉按钮选择"百分比"类型，然后就可以设置小数位了。

图 5-22　　　　　　　　　　图 5-23

添加数据标签后，并非所有的数据标签都要显示出来，如只需显示出想突出显示的那个数据标签，则可以将其他不需要的数据标签删除。方法是：先在数据标签上单击选中所有数据标签（见图 5-25），再在需要删除的数据标签上单击，只选中该数据标签（见图 5-26），按 Delete 键删除。依次删除后只保留一个最重要的数据标签（见图 5-27），这种局部显示还可以达到重点突出数据的目的。

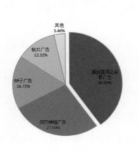

图 5-24　　　　　　　　　　图 5-25

图 5-26   图 5-27

提 示

　　添加数据标签后，对于默认的文字格式也可以进行修改，在数据标签上单击选中，到"字体"选项组中重新更改即可。

　　默认插入的图表大小随机，其大小及位置一定是要调整的，将鼠标指针指向拐角控制点（见图 5-28），拖动调整大小。要移动位置就把鼠标指针指向图表边缘的非控制点上，当指针变为四向箭头时，按住鼠标左键拖动即可移动。图 5-29 所示为调整好大小并放置到预定的位置上的图表。

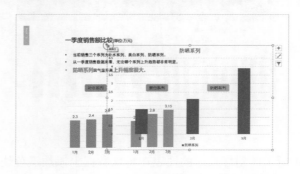

图 5-28

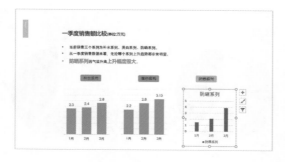

图 5-29

扫一扫，看视频

原则 4：突出重点

对于图中需要重点说明的重要元素，可以运用对比强调的原则。做过强调处理的图表可以帮助观者迅速抓住重要元素，同时调动其兴趣。要强调重要元素，可以运用多种手段，如修改字体（大小、粗细）、修改颜色（明暗、深浅）以及添加额外图形或图片进行修饰等。

例如，图 5-30 所示的幻灯片中的图表通过不同的对比颜色来达到突出显示的目的。

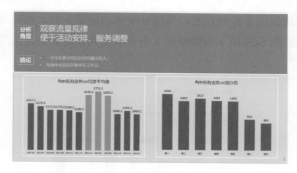

图 5-30

图 5-31 所示的幻灯片中的图表在特殊数据上添加了色块，来表达出这两个时段为访问集中的时间段。

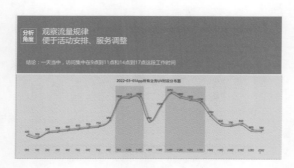

图 5-31

图 5-32 所示的幻灯片中为单个数据点添加特殊设计的标签，也起到了突出重点的作用。

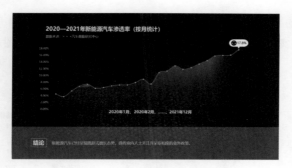

图 5-32

5.2　图表美化攻略

攻略 1：渐变色彩的柱形图效果

扫一扫，看视频

应用效果

图 5-33 所示为一张设计完成的柱形图表。

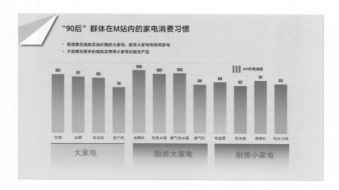

图 5-33

操作要点

　　本例的数据分为三个大的类目，原始数据表如图 5-34 所示。使用这个数据去建立既可以展示大类目，又能展示各个名称的图表。其操作步骤如下。

这个数据涉及二级分类，如果在 PPT 图表的数据编辑窗口中编辑这样的数据，程序无法识别，所以本例的设计思路是采用手工添加大类目的方式来制作。

	A	B	C
1			
2	类目	名称	API价格指数
3		空调	101
4	大家电	冰箱	97
5		洗衣机	95
6		烘干机	79
7		油烟机	108
8	厨房大家电	电热水器	102
9		燃气热水器	103
10		燃气灶	84
11		电饭煲	88
12	厨房小家电	电水壶	82
13		破壁机	91
14		电压力锅	85

图 5-34

　　❶ 在"插入"选项卡下的"插图"选项组中单击"图表"按钮，打开"插入图表"对话框，选择图表类型，如图 5-35 所示。

　　❷ 单击"确定"按钮，在打开的 Excel 数据表中重新编辑图表的数据，注意把之前默认的不需要的都删除掉，或者通过右下角的标记点把不需要的排除在数据源之外，如图 5-36 所示。

图 5-35

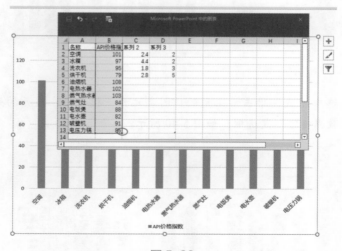

图 5-36

❸ 关闭 Excel 数据表，建立默认的图表，如图 5-37 所示。

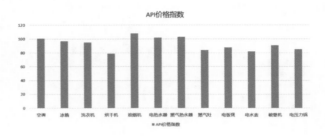

图 5-37

❹ 在数据系列上双击，打开"设置数据系列格式"右侧窗格。单击"系列选项"按钮，调整"间隙宽度"（见图 5-38），调整后的图表的显示效果如图 5-39 所示。

图 5-38

图 5-39

❺ 选中图表，单击右上角的"图表元素"按钮，在展开的列表中勾选"数据标签"复选框，如图 5-40 所示。

勾选"数据标签"复选框后，默认是将数据标签显示在图表外，如果想显示到其他位置则需要展开子列表进行选择。

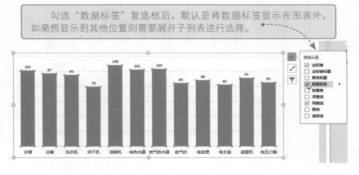

图 5-40

接着设置形状的渐变色，因为这个图表要根据不同的大类目设置不同的渐变色，即"大家电""厨房大家电""厨房小家电"三个分类分别使用不同的渐变色，所以需要对单根柱子逐一设置。

❶ 确保准确选中单根柱子，右击，在弹出的快捷菜单中选择"设置数据点格式"命令，打开"设置数据点格式"右侧窗格，单击"填充与线条"按钮，展开"填充"栏，选中"渐变填充"单选按钮，设置渐变参数，如图 5-41 所示。关于渐变色该如何选择，在前面的美化原则小节中已进行了详细的讲解，请读者参考。按相同的方法逐一为每个分类的柱子应用同一种色调的渐变。

❷ 按各个不同的分类，用绘制形状的方式为其制作一个分类标识，设置与当前分类相同的渐变色调，如图 5-42 所示。

图 5-41

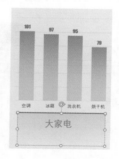

图 5-42

攻略 2：表达百分比的简洁圆环图

扫一扫，看视频

应用效果

图 5-43 所示的幻灯片中使用了多个小图表来表达百分比值，整体效果简洁、明了。

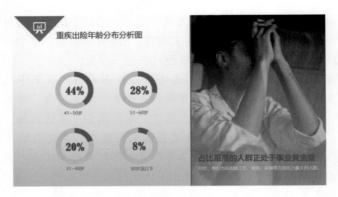

图 5-43

操作要点

❶ 在"插入"选项卡下的"插图"选项组中单击"图表"按钮，打开"插入图表"对话框，选择圆环图，单击"确定"按钮，在打开的 Excel 数据表中重新编辑图表的数据，如图 5-44 所示。

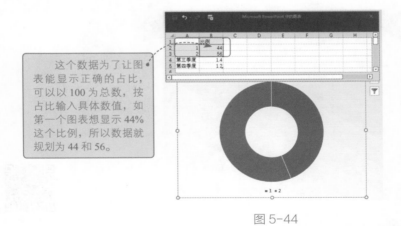

这个数据为了让图表能显示正确的占比，可以以 100 为总数，按占比输入具体数值，如第一个图表想显示 44% 这个比例，所以数据就规划为 44 和 56。

图 5-44

❷ 在图表的圆环上双击，打开"设置数据系列格式"右侧窗格，调整"圆环图圆环大小"的比例值，如图 5-45 所示。

❸ 将圆环图中想展示的一段圆环设置为突出的颜色，另一部分圆环使用灰色调，然后删除所有不需要的元素，图表呈现图 5-46 所示的样式。

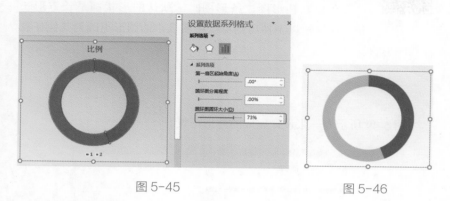

图 5-45　　　　　　　　　　　　　　　　　图 5-46

❹ 复制圆环图，在"图表工具 - 图表设计"选项卡下的"数据"选项组中单击"编辑数据"按钮（见图 5-47），打开数据编辑表，重新编辑数据得到第二个图表，如图 5-48 所示。

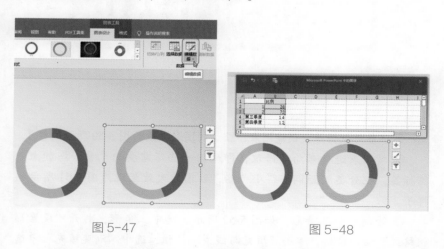

图 5-47　　　　　　　　　　　　　　　　图 5-48

❺ 其他图表都通过先复制再更改数据源的方法得到，图表的说明文字使用文本框来添加。

扫一扫，看视频

攻略 3："移花接木"改变柱形变体

　　在建立柱形图、条形图时，默认的形状都是长方形长条，而通过以下技巧则可以将图表中的图形更改为其他任意样式的形状。

应用效果

　　图 5-49 所示为一张设计完成的柱形图表。

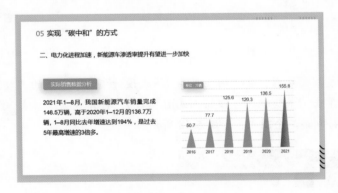

图 5-49

操作要点

❶ 准备好数据源，创建图表，默认的图表大致为图 5-50 所示的样子。

❷ 对图表进行布局的修改，即删除一些不需要的元素，添加上数据标签，把分类间距调整得小一些，让图表大致呈现为图 5-51 所示的样子。

❸ 绘制一个三角形，如图 5-52 所示。选中三角形，打开"设置形状格式"右侧窗格，单击"填充与线条"按钮，选中"渐变填充"单选按钮，为图形设置渐变参数，如图 5-53 所示，两个光圈选择的是较为接近的颜色，都未设置透明度。设置好的三角形格式如图 5-54 所示。

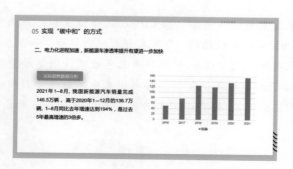

图 5-50

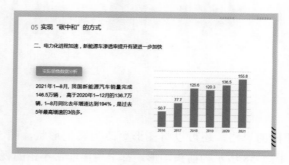

图 5-51

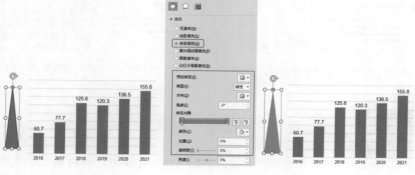

图 5-52　　　　　　　图 5-53　　　　　　　图 5-54

❹ 选中设置好的三角形，按 Ctrl+C 组合键复制，再选中图表中的系列，按 Ctrl+V 组合键粘贴，即可实现形状的替换，如图 5-55 所示。

❺ 如果要专门改变某一个图形的配色效果，则需要更改辅助图形的效果，按 Ctrl+C 组合键复制，再在图表中单独选中目标数据点（注意是单个的数据点），按 Ctrl+V 组合键粘贴，如图 5-56 所示。

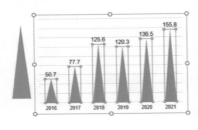

图 5-55

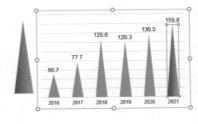

图 5-56

扩展应用

利用相同的思路，还可以将图形更改为其他形状，图 5-57 所示为胶囊图形，图 5-58 所示为箭头图形，都呈现出非常不错的视觉效果。

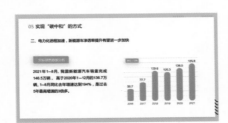

图 5-57　　　　　　　　　　　　图 5-58

扫一扫，看视频

攻略 4：拟物图效果

所谓拟物图效果，是指使用与图表展示内容相匹配的图片并填充到图表的形状中。

应用效果

图 5-59 所示为一张设计完成的条形图表。

图 5-59

操作要点

❶ 准备好要使用的图片，按 Ctrl+C 组合键复制（见图 5-60），接着双击图表的数据系列，打开"设置数据系列格式"右侧窗格。

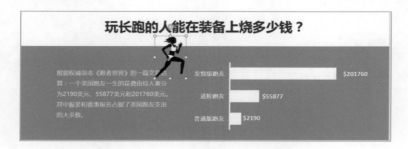

图 5-60

❷ 单击"填充与线条"按钮，展开"填充"栏，选中"图片或纹理填充"单选按钮，接着单击"剪贴板"按钮，并选中下面的"层叠"单选按钮，如图 5-61 所示。可以看到图表的形状达到了图片填充的效果，如图 5-62 所示。

图 5-61

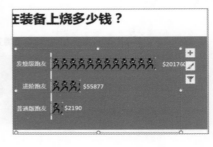

图 5-62

扫一扫，看视频

攻略 5：用非图表元素补充设计

　　创建好基本图表后，可以利用一些非图表元素进行补充设计，最常用的就是使用图形或图片来布局排版图表，以提升视觉效果，强化表达重点。

应用效果

　　图 5-63 所示为一张设计完成的图表效果。

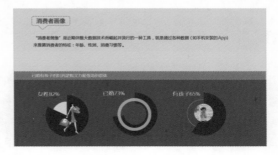

图 5-63

操作要点

❶ 创建几个基本的图表，第一个是饼图、第二个是圆环图、第三个也是饼图，如图 5-64 所示。

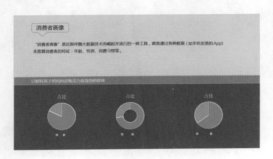

图 5-64

❷ 选中图表扇面，在"图表工具 - 格式"选项卡下的"形状样式"选项组中单击"形状轮廓"下拉按钮，在打开的下拉列表中选择"无轮廓"选项（见图 5-65），取消扇面的轮廓线。

❸ 单独选中小扇面，在"图表工具 - 格式"选项卡下的"形状样式"选项组中单击"形状填充"下拉按钮，在打开的下拉列表中选择"无填充"选项（见图 5-66），取消扇面的填充。

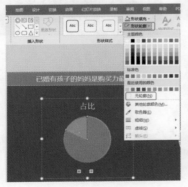

图 5-65

图 5-66

❹ 按照相同的方法，将几个默认图表的小扇面都进行取消填充操作，然后删除图表中除扇面之外的所有元素，如图 5-67 所示。

图 5-67

❺ 绘制一个正圆图形来装饰第一个图表，绘制后需要右击执行"置于底层"→"下移一层"命令将图形放在图表的底部，如图 5-68 所示。放置好图形的位置，如图 5-69 所示。

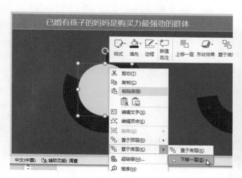

图 5-68

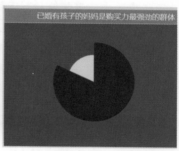

图 5-69

提　示

　　由于在制作时根据绘制图形的次序不同，每个元素都有其不同的层次，那么为了达到想要的设计效果，经常需要重新调整图形的摆放层次。例如，本例中如果执行一次"下移一层"命令

┌─ 提 示 ──────────────────────────────────────┐

还未达到效果，可以再执行一次或多次，直到移至需要的层次。
也可以在绘制图形后，选中图表，执行"置于顶层"命令。

　　所以关于调整图形层次的操作是非常频繁的，上移还是下移
是根据当前选中的是哪个形状来决定的。

└──┘

❻ 第二个图表使用一个空心圆图形来装饰，操作比较简单，这里
不再介绍。第三个图表使用一个只有轮廓的正圆图形和一个裁剪为正圆
的图片作为装饰，如图 5-70 所示。轮廓线图形放置到图表的下方，图
片图形放置到图表的上方，其放置效果如图 5-71 所示。

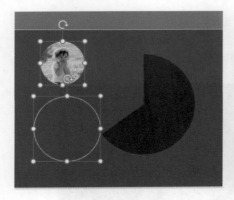

图 5-70

图 5-71

❼ 通过绘制文本框来输入占比的关键数据。

攻略 6：渐变折线图

在折线底部搭配渐变效果是 PPT 中的折线图常用的一
种美化方式，本例讲解这种图表的制作方法。

扫一扫，看视频

应用效果

图 5-72 所示为一张设计完成的渐变折线图的效果。

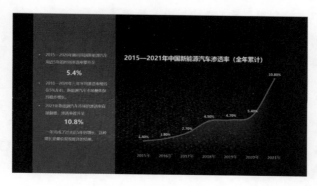

图 5-72

操作要点

❶ 创建基本图表，如图 5-73 所示。

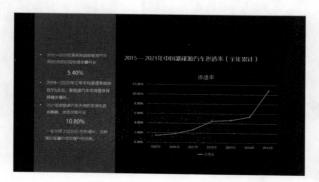

图 5-73

❷ 为图表添加数据标签，在折线上双击，打开"设置数据系列格式"右侧窗格，单击"填充与线条"按钮，展开"线条"栏，重新设置线条的颜色，并勾选底部的"平滑线"复选框，如图 5-74 所示。

❸ 切换到 "标记" 标签下，可以在此标签下设置图表的标记点的格式，如图 5-75 所示。设置格式后可以看到折线图的效果如图 5-76 所示。

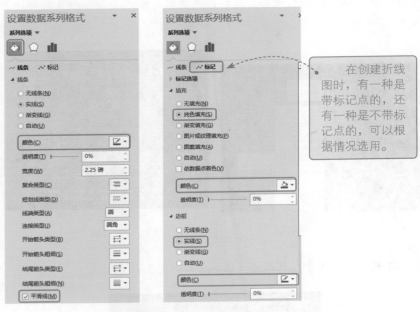

在创建折线图时，有一种是带标记点的，还有一种是不带标记点的，可以根据情况选用。

图 5-74   图 5-75

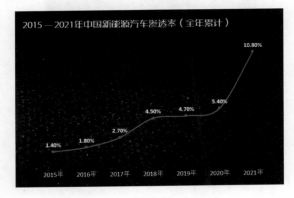

图 5-76

❹ 选中图表，将其以图片的形式复制到一张空白的备用幻灯片中，在图表中右击，执行"组合"→"取消组合"命令（见图 5-77），接着执行一次"取消组合"命令，这样图表就被打散成了各个独立的部件，如图 5-78 所示。

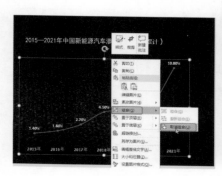

图 5-77

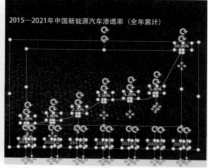

图 5-78

❺ 删除所有元素，只保留一根线条，如图 5-79 所示。

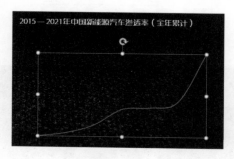

图 5-79

❻ 在线条上绘制一个矩形图形，基本覆盖住线条，两端只留一点点线头，在"绘图 - 形状格式"选项卡下的"插入形状"选项组中单击"合并形状"下拉按钮，在打开的下拉列表中选择"拆分"选项，如图 5-80 所示。

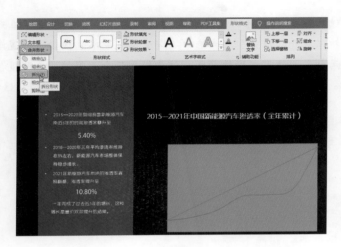

图 5-80

提 示

在绘制矩形框覆盖折线时，注意两端一定要留出一点点线头，这样才能保证拆分后得到想要的图形。但为了让图形在最终与折线拼接时能吻合，留出的线头也不能过多。

❼ 拆分后，删除所有不需要的部件，只保留图 5-81 所示的图形。

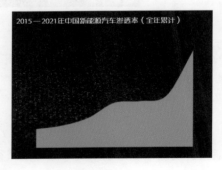

图 5-81

❽ 选中图形，打开"设置形状格式"右侧窗格，单击"填充与线条"按钮，展开"填充"栏，选中"渐变填充"单选按钮，设置渐变的参数，两个光圈使用相同的颜色，注意把第二个光圈的"透明度"更改为 100%（见图 5-82），这样就得到了渐变效果的图形，如图 5-83 所示。

图 5-82

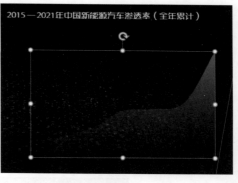

图 5-83

❾ 将制作好的渐变图形移到图表幻灯片中，与图表的折线进行拼接，这个渐变效果的图表就制作好了。

扩展应用

对于这样的渐变折线图，如果稍做处理还可以获得图 5-84 所示的弥散光的效果。

其实只对右侧的边界进行模糊即可，可以绘制一个矩形框压在图表的右侧部位，设置两个光圈的黑色渐变，渐变"方向"为 0，第一个光圈的"透明度"为 100%。第二个光圈的"透明度"为 0，"位置"在 65% 左右，矩形的大小和渐变位置可以按实际情况调整，只要能观察到模糊掉了之前那个渐变图形的边界即可。

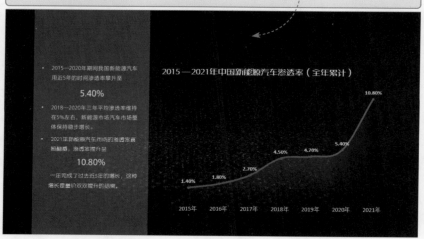

图 5-84

第 6 章

目录页设计攻略

目录页可以清晰地展示幻灯片的框架和结构，
可以起到检索的作用，
设计上的美观性仍然要摆在重要的位置。

6.1　制作目录要掌握的要点

扫一扫，看视频

要点 1：了解目录的模块

所谓目录的模块，是指目录的组成部分，目录通常会包含引导物、标题名称和副标题名称三个部分，从图 6-1 所示的图示中可以清晰地看到。

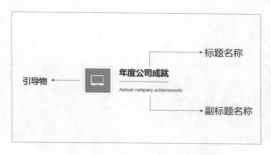

图 6-1

引导物最常用的是序号（见图 6-2），如果想设计得精致一些，也可以使用图标、图片，如图 6-3 所示。副标题名称可以是当前目录的详细讲解，也可以是标题名称的英文翻译。

图 6-2

图 6-3

要点 2：精准对齐

扫一扫，看视频

　　当页面上的元素有良好的对齐性时，会使页面更加工整、内聚，同时可以增强视觉上的联系。所以一再强调对齐是 PPT 排版的重要原则之一。当页面中包含多个元素时就必须首先考虑对齐。

　　一个目录页通常包含几个模块（如引导物、标题名称和副标题名称），而一个完整的目录又由多个条目组成，所以精准对齐是非常重要的。图 6-4 所示的幻灯片在横向上与间距上都保持了精准对齐（可参照图 6-5 所示的图示查看）。

图 6-4

图 6-5

关于如何更便捷地做到精准对齐，下面介绍其操作步骤。

❶ 最关键的一步是首先将第一个目录各个模块完成设计并排版，然后全选几个元素，右击，执行"组合"→"组合"命令（见图 6-6），将这几个零散的对象合为一个对象，如图 6-7 所示。

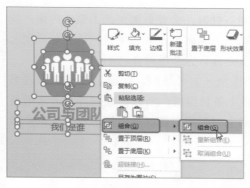

图 6-6

图 6-7

❷ 复制合并后的对象，需要几个目录项就复制几个。全选对象，在"绘图工具 - 形状格式"选项卡下的"排列"选项组中单击"对齐"下拉按钮，在打开的下拉列表中选择"顶端对齐"选项（见图 6-8）；保持选中状态，再在"对齐"下拉列表中选择"横向分布"选项，如图 6-9 所示。

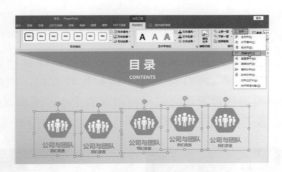

图 6-8

图 6-9

❸ 这时就得到了精准对齐的目录项，如图 6-10 所示。接着按实际情况更换小图标，输入各项目录文字即可。

图 6-10

扫一扫，看视频

要点 3：图标、图片统一的外观

在使用图标或图片设计目录时，注意一定要使用统一的外观，PNG 格式的小图标比较常用，风格也比较好统一。一般只要通过设置让它们保持相同的大小，然后直接使用即可（见图 6-11）；或者在它们的底部使用一个相同大小的图形（见图 6-12）。

图 6-11   图 6-12

那么如果是使用图片，应使用风格统一的一组图片，并处理为相同的外观，如图 6-13 所示。

图 6-13

如果风格实在无法统一，可以通过 PPT 中的图片处理功能将它们处理成统一的色调，并设置为相同的外观，操作过程如图 6-14～图 6-16 所示。

图 6-14

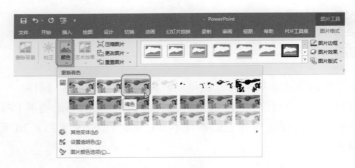

图 6-15

图 6-16

要点 4：横向列表

扫一扫，看视频

　　在排版目录时，横向列表是最常用的方式之一，但根据对目录的设计不同，一般建议横向列表尽量小于等于 6 条最为合适，再多就会挤压每条内容的宽度，显示效果就会出现拥挤的情况。图 6-17 和图 6-18 所示为横向列表。

图 6-17

图 6-18

扫一扫，看视频

要点 5：纵向列表

除了横向列表，纵向列表也是一种常用的排版方式，同样，一般建议纵向列表小于等于 5 条比较合适，因为现在使用的都是宽屏 PPT，高度相对较小，所以纵向列表的条目不宜过多。图 6-19 和图 6-20 所示为纵向列表。

图 6-19

图 6-20

扫一扫，看视频

要点 6：矩阵列表

前面讲解了横向列表与纵向列表适用的条目数，那么如果条目数比较多，就可以使用矩阵列表。图 6-21 所示为全屏的矩阵列表。

也可以使用半屏的矩阵列表，如图 6-22 所示。

图 6-21　　　　　　　　　　　　　　图 6-22

6.2　目录页的优化排版攻略

扫一扫，看视频

攻略 1：形状优化目录页 1

一个目录页要达到饱满且富有设计感的视觉效果，不能只是几条单一的目录文字，除了前面讲的目录条目本身应注意的排版要点之外，还需要使用其他辅助元素来布局页面，那么这些辅助元素无疑就是图形、图片了。

应用效果

图 6-23 所示的幻灯片主要使用了图形来布局页面，斜向图形配备斜向目录文字，显得非常协调有序。

图 6-23

操作要点

　　页面中看似有几个不规则的图形，实际上是几个图形叠加形成的。

❶ 将幻灯片的背景设置为蓝色。

❷ 在左上角位置绘制贴边三角形，打开"设置形状格式"右侧窗格，单击"效果"按钮，在"阴影"栏中设置阴影参数，如图 6-24 所示。

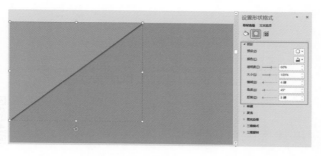

图 6-24

❸ 等比缩小三角形，继续叠加在左上角，更改图形颜色，并为其设置阴影参数，如图 6-25 所示。

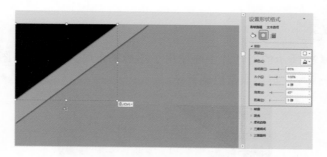

图 6-25

❹ 添加目录条目，大致斜向放置，但要做到精准对齐，可以借助两步对齐操作。在进行对齐操作前有两个要点必须做到：第一，确定第一个对象和最后一个对象的位置，如图 6-26 所示；第二，将每个对象

的宽度保持一致，由于目录文字长短不一，也许每个文本框宽度也不一样，这时可以以最宽的文本框为标准，将所有文本框宽度调为一致，如图 6-27 所示。

图 6-26

图 6-27

　　如果不将对象的宽度调整一致，在进行横向分布对齐时就会出现偏差。可以以最宽的尺寸为标准进行调整，也可以设置为其他尺寸，待到对齐完成后再稍做调整。

❺ 全选对象，在"绘图工具 - 形状格式"选项卡下的"排列"选项组中单击"对齐"下拉按钮，在打开的下拉列表中选择"横向分布"选项（见图 6-28）；保持选中状态，再在"对齐"下拉列表中选择"纵向分布"选项，如图 6-29 所示。两步操作即可实现效果图中斜向文本的精准对齐。

图 6-28

图 6-29

攻略 2：形状优化目录页 2

扫一扫，看视频

应用效果

图 6-30 所示的幻灯片中使用了渐变图形制作目录，并在目录图形底部使用弥散光渐变图形，效果温和而又雅致。

图 6-30

操作要点

❶ 绘制一个圆角矩形，然后叠加绘制一个很细的矩形，同时选中两个图形，在"绘图工具 - 形状格式"选项卡下的"插入形状"选项组中单击"合并形状"下拉按钮，在打开的下拉列表中选择"拆分"选项（见图 6-31），然后将不需要的小图形删除，得到的图形如图 6-32 所示。

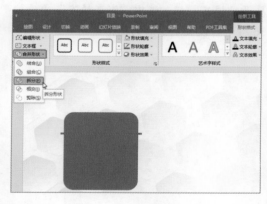

图 6-31

图 6-32

❷ 选中上面一个图形，打开"设置形状格式"右侧窗格，单击"填充与线条"按钮，展开"填充"栏，选中"渐变填充"单选按钮，

设置渐变参数，如图 6-33 所示。注意本例中选择的两个光圈是较为温和雅致的颜色。接着设置下面的图形为纯色填充，设置二图灰色边框线，并进行拼接，如图 6-34 所示。

图 6-33   图 6-34

❸ 绘制正圆图形（见图 6-35），打开"设置形状格式"右侧窗格，单击"填充与线条"按钮，展开"填充"栏，选中"渐变填充"单选按钮，设置渐变参数，如图 6-36 所示。设置渐变后的图形如图 6-37 所示。

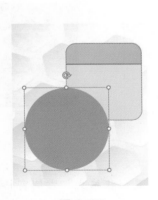

图 6-35   图 6-36

④ 选中圆形，打开"设置形状格式"右侧窗格，单击"效果"按钮，在"柔化边缘"栏中将柔化"大小"设置为"50磅"，如图 6-38 所示。经过柔化后的图形效果如图 6-39 所示。放大图形，并将其置于图形的底层，如图 6-40 所示。

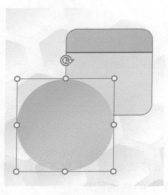

图 6-37

图 6-38

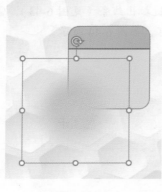

图 6-39

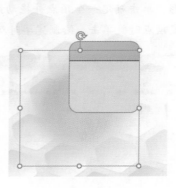

图 6-40

⑤ 编辑目录文字，完成第一个目录项的制作，同时选中所有对象，右击，在弹出的快捷菜单中执行"组合"→"组合"命令，如图 6-41 所示。

图 6-41

❻ 通过复制得到后面 4 个目录项，然后修改目录文字即可完成制作。
接着来讲一下如何制作"目录"文字上的修饰图形。

❶ 在"插入"选项卡下的"插图"选项组中单击"形状"下拉按
钮，在打开的下拉列表中选择"任意多边形：形状"（见图 6-42），绘制
图形，单击确定一个顶点并拖动鼠标左键拉出线条（见图 6-43），需要
确定顶点时就单击，绘制完毕时双击即可，如图 6-44 所示。

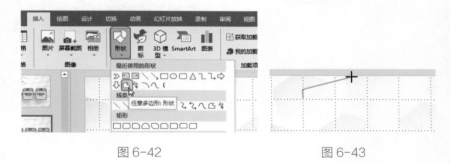

图 6-42　　　　　　　　　　　图 6-43

❷ 对图形进行格式设置，如加粗线条、设置线条的填充色等，本
例应用了渐变色线条，如图 6-45 所示。

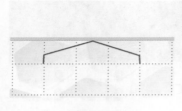
图 6-44

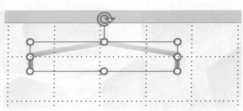
图 6-45

❸ 复制图形，在"绘图工具 - 形状格式"选项卡下的"排列"选项组中单击"旋转"下拉按钮，在打开的下拉列表中选择"垂直翻转"命令，即可得到一组图形，如图 6-46 所示。

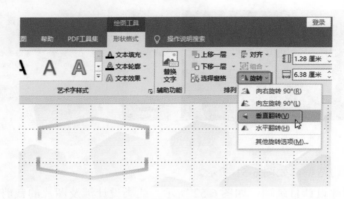
图 6-46

攻略 3：图片优化目录页

扫一扫，看视频

图片在优化目录页上的应用有几种常用的方式。这里通过一些示例来了解一下。

图片左侧贴边，如图 6-47 所示。

图片顶部贴边，如图 6-48 所示。

幻灯片底部为全图，如图 6-49 所示。

图 6-47

图 6-48

选用有明显视觉中心的图片，在非视觉中心区域建立目录，如图 6-50 所示。

图 6-49

图 6-50

斜切造型，如图 6-51 所示。

图片设计目录项，如图 6-52 所示。此类设计涉及图片的裁剪技巧，这里详细讲解一下操作步骤。

图 6-51

图 6-52

操作要点

❶ 在幻灯片中绘制几个大小相同的矩形框，并高低交错放置（见图 6-53），全选几个图形，打开"设置形状格式"右侧窗格，调整图形的"透明度"，让图形呈现半透明状态，如图 6-54 所示。

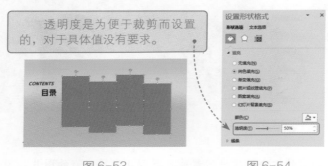

透明度是为便于裁剪而设置的，对于具体值没有要求。

图 6-53　　　　　　　　　　　　图 6-54

❷ 插入准备好的与第一条目录相匹配的图片，将图片置于第一个图形的下方，首先让图片的高度至少达到图形高度，然后挪动图片确定想使用的位置（与图形重叠的位置则为要使用的部分，因为图片是半透明的，所以方便观察），先选中图片，再选中图形，在"绘图工具 - 形状格式"选项卡下的"插入形状"选项组中单击"合并形状"下拉按钮，在打开的下拉列表中选择"相交"选项（见图 6-55），得到裁剪后的图片如图 6-56 所示。

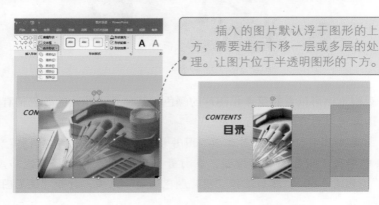

插入的图片默认浮于图形的上方，需要进行下移一层或多层的处理。让图片位于半透明图形的下方。

图 6-55　　　　　　　　　　　　图 6-56

❸ 插入准备好的与第二条目录相匹配的图片，将图片置于第二个图形的下方，按相同的方法调整图片的位置（见图 6-57），通过与图形相交后得到的图片如图 6-58 所示。

图 6-57

图 6-58

❹ 按相同的方法依次进行裁剪，得到 4 张排版好的图片，为 4 张图片添加蓝色外边框，如图 6-59 所示。

图 6-59

观察本例可以看到第 4 张图片的颜色与其他几张图片的颜色稍有不同，因此可以对其颜色进行调整。

❶ 选中图片，在"图片工具 - 图片格式"选项卡下的"调整"选项组中单击"颜色"下拉按钮，在打开的下拉列表中选择"饱和度：33%"（见图 6-60），然后选择"图片颜色选项"选项，打开"设置图片

格式"右侧窗格，在此可以增加图片的"亮度"，也可以对"饱和度"
进行更精确的调整，如图 6-61 所示。

❷ 调整后的图片的显示效果如图 6-62 所示。

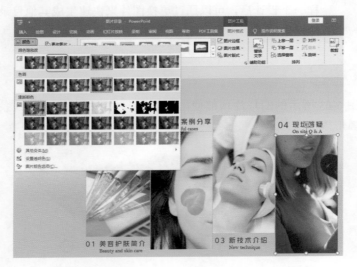

图 6-60

图 6-61   图 6-62

扫一扫，看视频

攻略 4：弧线列表

　　弧线列表配合使用图形与图片一起来设计，并且完成这样一个设计后，可以通过更换图片来快速生成其他目录，可谓是一个万能操作。

应用效果

　　图 6-63 所示的幻灯片顶部使用弧形图，并搭配使用弧形线条，目录沿弧形依次排列。

图 6-63

操作要点

　　❶ 插入准备好的图片，在图片上绘制正圆图形并进行半叠加，如图 6-64 所示。

　　❷ 先选中图片，再选中图形，在"绘图工具 - 形状格式"选项卡下的"插入形状"选项组中单击"合并形状"下拉按钮，在打开的下拉列表中选择"相交"选项（见图 6-64），得到裁剪后的图片如图 6-65 所示。

　　❸ 将裁剪后的图片等比例放大至与幻灯片同宽，如图 6-66 所示。

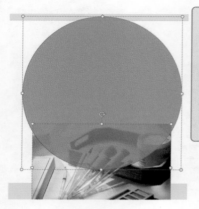

（1）叠加的比例要控制好，因为叠加重合的部分就是裁剪后得到的部分。裁剪后的图片要放在幻灯片的上半部分，并放大到与幻灯片同宽，为了能预留出书写目录条目的位置，所以这个叠加部分不宜过高。

（2）叠加好后可以将该幻灯片复制一份备用。因为后面制作弧线时还要用到。

图 6-64　　　　　　　　　　　　图 6-65

接着制作起到丰富页面层次感的弧形阴影和弧形线条，仍然使用大圆形来制作。

❶ 打开前面复制的幻灯片，先选中图形，再选中图片，按前面相同的方法将两个对象相交，得到的图形如图 6-67 所示。

图 6-66　　　　　　　　　　　　图 6-67

❷ 取消图形的边框线，并设置填充色为白色，打开"设置形状格式"右侧窗格，单击"效果"按钮，展开"阴影"栏，选择"内部：中"的预设样式（见图 6-68），然后设置阴影的"颜色"（本例使用与图片主色调相匹配的粉色）、调整"透明度"和"模糊"，如图 6-69 所示。完成设置后的图形如图 6-70 所示。

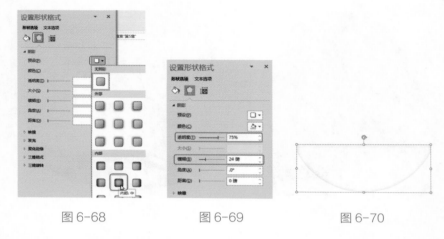

图 6-68   图 6-69   图 6-70

❸ 将图形稍微放大一些并覆盖在前面的图片上，稍微放大，右击，执行"置于底层"命令（见图 6-71），制作第一个弧形阴影光圈，如图 6-72 所示。按相同的方法再复制图形，稍微放大并合理放置。

图 6-71

图 6-72

❹ 弧形线条也是通过复制前面的图形得到的，复制后取消原来的阴影，并将边框线设置为灰色实线，如图 6-73 所示。

图 6-73

❺ 完成这个版面的布局设计后，围绕弧形添加小图标，并编辑目录文字，摆放时注意上、下、左、右的间距要保持一致。

扩展应用

由于弧形列表一般会搭配图片使用，在创建后，可以通过更改图片、更改目录名称来秒变其他幻灯片，如图 6-74 所示。

图 6-74

攻略 5：线条优化目录页

利用线条来设计目录有非常强烈的视线指引作用，合理设计也可以制作出效果不错的目录页。

应用效果

图 6-75 所示的幻灯片是一个使用线条为主导来设计的目录页。

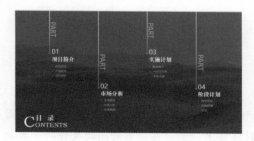

图 6-75

整张幻灯片制作起来难度不大，这里只讲解一下线条的设计，线条使用渐变线（参数见图 6-76），并将线条的"结尾箭头类型"设置为"圆型箭头"，如图 6-77 所示。

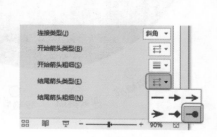

图 6-76　　　　　　　　　　图 6-77

封面页设计攻略

封面是幻灯片的门面，
封面是幻灯片给人的第一印象，
好看的封面可以提升整个 PPT 的格调，
封面的标题要具有丰富的层级。

7.1　封面设计三步曲

扫一扫，看视频

步骤 1：版式布局

　　幻灯片封面页的版式布局一般分为三种形式，分别为"文字左侧布局""文字中心布局""文字右侧布局"，如图 7-1 所示。这是按标题文字放置在幻灯片中的位置来划分的，实际应用哪种布局，要根据标题幻灯片的设计思路与使用哪些装饰素材来决定。其中，文字左侧布局和文字中心布局是最常用的布局形式。

　　左文右图更利于页面平衡，如图 7-2 所示。

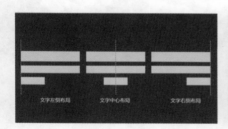

图 7-1

图 7-2

　　文字中心布局更容易聚集视线，如图 7-3 所示。

　　文字右侧布局也是可以应用的版式，如图 7-4 所示。

图 7-3

图 7-4

步骤 2：标题排版

标题排版是决定一张标题幻灯片成败的关键，细心观察一下不难发现，幻灯片的标题文字虽然不会太多，但成功的设计者会对其进行多层次的处理，实在无法分行的，还可以采取添加辅助英文、辅助图形、将文字错落有致地放置等方式来进行排版。总之，一定要打造多个层级的效果。

增加文字层级的方式，可以参照图 7-5 所示的要素进行设置。

图 7-6 所示的幻灯片中的标题文字是极简易的，通过使用超大字号吸引眼球，但通过分层排版可以达到更加优化的效果，如图 7-7 所示。

图 7-5

图 7-6

通过图示可以看到标题进行了 4 个层级的划分，如图 7-8 所示。

图 7-7

图 7-8

图 7-9 所示的幻灯片中的文字虽通过设置字号及文字颜色进行了简单的分层，其实还可以进行重新排版获取图 7-10 所示的更好的排版效果。

图 7-9　　　　　　　　　　　　图 7-10

图 7-11 所示的幻灯片中的标题文字排版也达到了 5 个层级，所以标题文字绝不是无任何设计的堆砌，应当注重排版设计。

图 7-12 所示的幻灯片中的标题文字为纵向排版方式，即使如此也进行了层级优化。

图 7-11　　　　　　　　　　　图 7-12

扫一扫，看视频

步骤 3：背景处理

优化排版的标题文字、富有创意感的背景图片和巧妙的图形元素，三者的巧妙结合才能呈现出优秀的 PPT 封面页。

关于背景的处理，一是在背景素材的选择上需要与标题的含义相贴合；二是背景不能遮挡标题主体，可以通过虚化、加蒙层、用图形规划标题书写区等方式来进行处理。关于对作为背景图片的处理方式，在前面第 3 章中也进行了较为详细的讲解，这里再给出几个实例，以引导读者的设计思路。

在图片上使用图形规划标题书写区，将排版好的标题居中放置，如图 7-13 所示。

图片蒙层处理，降低背景图片的视觉度，突出文字内容，让主题更明显，富有高级感，如图 7-14 所示。

图 7-13

图 7-14

选用有明显视觉中心的图片，在非视觉中心设计标题文字，如图 7-15 所示。

如果用贴边半图配合图形元素，再加上排版后的标题文字，也可以呈现出优秀的封面页，如图 7-16 所示。

图 7-15

图 7-16

使用一些 PDF 图片进行拼接，预留出空白区域作为标题书写区，如图 7-17 所示。

图 7-17

7.2 封面页的优化排版攻略

扫一扫，看视频

攻略 1：图形创意裁剪设计封面

对于 PPT 封面上的图片，如果觉得过于方正规矩，可以对图片进行简单的裁剪，让图片结构呈现多样性，让封面整体看起来更有活力。

应用效果

图 7-18 所示的幻灯片中使用了创意裁剪的图片来布局页面。

图 7-18

操作要点

　　页面中的创意图形是通过拼接多个正三角形得来的。

❶ 绘制正三角形并复制，如图 7-19 所示。

❷ 当需要倒立三角形时，选中图形，在"绘图工具 - 形状格式"选项卡下的"排列"选项组中单击"旋转"下拉按钮，在打开的下拉列表中选择"垂直翻转"选项，如图 7-20 所示。

❸ 继续复制排列图形，得到图 7-21 所示的图形。

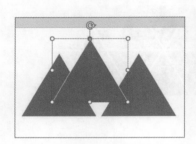

图 7-19

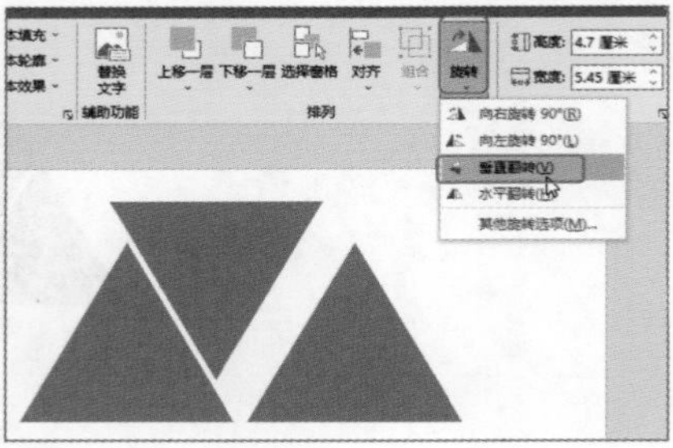

图 7-20

❹ 全选所有图形，右击，执行"组合"→"组合"命令（见图 7-22），将这些图形组合为一个对象。

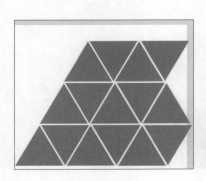

图 7-21

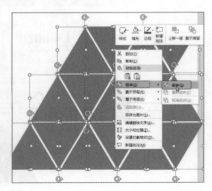

图 7-22

❺ 将要使用的图片插入到幻灯片中，按 Ctrl+X 组合键剪切，然后选中合并后的图形，打开"设置图片格式"右侧窗格，展开"填充"栏，选中"图片或纹理填充"单选按钮，接着单击下面的"剪贴板"按钮（见图 7-23），则可以将图片填充到组合后的图形中，如图 7-24 所示。

图 7-23

图 7-24

❻ 在"绘图工具 - 形状格式"选项卡下的"形状样式"选项组中单击"形状轮廓"下拉按钮，在打开的下拉列表中为形状添加线条，如图 7-25 所示。

图 7-25

按相同的设计思路，还可以配合图形与图片设计出类似格式的封面页，如图 7-26 所示。

图 7-26

攻略 2：半遮挡式的创意标题

扫一扫，看视频

应用效果

　　图 7-27 所示的幻灯片中标题配合贴切的图片，打造出了文字从云中冒出来的效果。只要通过文字渐变填充就可以轻松实现这种半遮挡式的文字效果。

图 7-27

操作要点

❶ 输入文字并设置字体、字号（见图 7-28），选中文字并右击，在弹出的快捷菜单中选择"设置文字效果格式"命令，打开"设置形状格式"右侧窗格。

图 7-28

❷ 单击"文本填充与轮廓"按钮，展开"文本填充"栏，选中"渐变填充"单选按钮，参数设置如图 7-29 所示。本例的渐变参数中，几个光圈的"位置"和"透明度"是最关键的设置。这里将三个光圈的设置详情都给出了具体数值，如图 7-29～图 7-31 所示。

图 7-29　　　　　　图 7-30　　　　　　图 7-31

提　示

　　因为文字使用纯白色，所以三个光圈的颜色都是白色。此处使用渐变并不是想实现一种颜色向另一种颜色的渐变，而是想达到让文字底部处于渐隐的效果，所以会在光圈的透明度上进行一些处理。

攻略 3：穿插效果

扫一扫，看视频

　　为封面添加线条和图案，使用线条或文字穿插的效果，能增加封面的层次感，这种设计效果是很多设计者都喜爱的方式之一。

应用效果

　　图 7-32 所示的幻灯片中展示了文字穿插图形的效果。

图 7-32

操作要点

　　使用编辑顶点的方法制作不规则图形。

　❶ 在"视图"选项卡下的"显示"选项组中勾选"网格线"复选框（见图 7-33），将网格线调出，调出网格线是为了接下来在调整图形

时能掌握好调整比例。

❷ 绘制一个正五边形，在图形上右击，在弹出的快捷菜单中选择"编辑顶点"命令（见图 7-34），将左侧上方顶点向左上方拖动（见图 7-35），使用相同比例调整右侧上方顶点至对称位置。

图 7-33

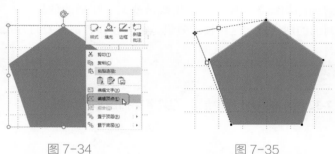

图 7-34　　　　　　　　　　图 7-35

❸ 在图形底边正中间位置右击，在弹出的快捷菜单中选择"添加顶点"命令（见图 7-36），接着将左侧下方顶点向左下方拖动（见图 7-37），使用相同比例调整右侧下方顶点至对称位置。

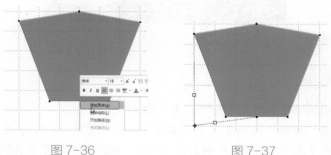

图 7-36　　　　　　　　　　图 7-37

④ 将底部中间顶点向下拖动（见图 7-38），调整至与上方顶点对称。这样不规则图形就绘制好了，如图 7-39 所示。

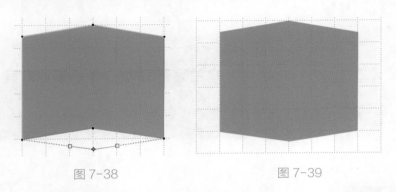

图 7-38   图 7-39

⑤ 将图形更改为加粗线条且无填充的样式（见图 7-40），放入幻灯片中，将标题文本框半叠加在图形上，注意要按一次或两次 Enter 键增加文本框的高度（见图 7-41），这样做的目的是空出制作标题的区域，接着操作就能看到实际的作用了。

图 7-40   图 7-41

⑥ 选中文本框并右击，在弹出的快捷菜单中选择"设置形状格式"命令，打开"设置形状格式"右侧窗格。单击"填充与线条"按钮，在"填充"栏中选中"幻灯片背景填充"单选按钮，如图 7-42 所示。这时可以看到文本框穿插了图形显示，如图 7-43 所示。在空白区域中可以添加其他标题文本。

图 7-42　　　　　　　　　　图 7-43

扩展应用

　　使用其他的设计方案还可以实现穿插的效果，如图 7-44 所示。

　　还有一种穿插字也是非常常用的，就是用英文字母穿插中文标题，这个操作方法在第 1 章中已经介绍过，这里只给出一张应用效果图，如图 7-45 所示。

图 7-44　　　　　　　　　　图 7-45

扫一扫，看视频

攻略 4：表格创意封面

　　利用表格并配合填充设置，添加标题文字，可以创造出网格效果的标题页。整理出合理的设计思路，可以设计出别具一格的标题幻灯片。

图 7-46 所示的幻灯片是使用表格配合图片制作出的封面页。

图 7-46

操作要点

❶ 插入挑选好的图片，并裁剪为幻灯片页面大小。选中图片，按 Ctrl+C 组合键复制到剪贴板中。

❷ 在"插入"选项卡下的"表格"选项组中单击"表格"下拉按钮，在打开的下拉列表中选择插入一张 5 行 5 列的表格，如图 7-47 所示。插入后将表格调整为与幻灯片页面相同的大小。

图 7-47

❸ 选中表格，右击，在弹出的快捷菜单中选择"设置形状格式"命令（见图 7-48），打开"设置形状格式"右侧窗格，单击"填充与线条"按钮，在"填充"栏中选中"图片或纹理填充"单选按钮，单击"剪贴板"按钮，并勾选下面的"将图片平铺为纹理"复选框，如图 7-49 所示。填充后达到图 7-50 所示的效果。

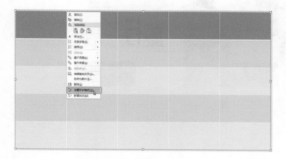

图 7-48　　　　　　　　　　　　　　图 7-49

图 7-50

　　当为整张表格填充图片时，注意要选中整张表格，在边线上右击，在弹出的快捷菜单中选择"设置形状格式"命令，而不能直接在单元格中右击，否则图片就只会填充到这个单元格中，而不能填充到整张表格中。

❹ 选中部分单元格，在"表格工具 - 表设计"选项卡下的"表格样式"选项组中重新设置不同的填充色，如图 7-51 所示。可以按设计思路交错设置。

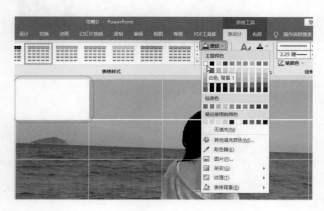

图 7-51

❺ 对于重新设置的填充色，可以在单元格中右击，在弹出的快捷菜单中选择"设置形状格式"命令（见图 7-52），打开"设置形状格式"右侧窗格，将其更改为半透明状态，如图 7-53 所示。

图 7-52

图 7-53

❻ 按设计思路完成整个页面的布局设计（见图 7-54），然后再添加标题等其他设计元素即可。当然标题都是经过层次排版后的样式。

图 7-54

扩展应用

按类似的设计思路，还可以设计出图 7-55 所示的封面效果。

　　本例中图片填充到部分单元格。并且对框线也进行了特殊设计。可见，相同的标题、相同的素材，利用不同的排版方式可以打造出另一种排版效果。

图 7-55